高职高专计算机立体化系列规划教材

C#程序设计基础教程与实训
（第3版）

主　编　陈　广
副主编　张泽民　林小强　蓝冬妮

内 容 简 介

本书主要介绍了使用 Visual Studio 2022 进行跨平台的 MAUI 应用开发所需要的基础知识。本书讲述了 C#语言的特点；阐述了数据类型、运算符和表达式、条件判断和循环控制语句、数组、绘图、方法等程序设计语言中最基础的内容；介绍了使用 MAUI 进行跨平台开发所需的必备知识——控件的使用、界面布局。为了使程序开发变得更有乐趣，书中穿插介绍了 GraphicsView 图形编程及简单的动画制作技术。本书最后一步一步讲解了如何制作一个既可以在个人计算机也可以在安卓手机上运行的俄罗斯方块游戏，以达到巩固前面所学知识的目的。

本书针对的是毫无编程经验的初学者，以及从其他语言转入 C#语言学习的人员。即使是有一定经验的开发人员，也可以在本书提供的视频教程中找到所需的知识。

图书在版编目(CIP)数据

C#程序设计基础教程与实训 / 陈广主编. —3 版. —北京：北京大学出版社，2024.5
高职高专计算机立体化系列规划教材
ISBN 978-7-301-35060-7

Ⅰ.①C… Ⅱ.①陈… Ⅲ.①C 语言—程序设计—高等职业教育—教材 Ⅳ.①TP312.8

中国国家版本馆 CIP 数据核字(2024)第 095280 号

书　　名	C#程序设计基础教程与实训 (第 3 版) C# CHENGXU SHEJI JICHU JIAOCHENG YU SHIXUN (DI-SAN BAN)
著作责任者	陈　广　主编
策 划 编 辑	李彦红
责 任 编 辑	李彦红
数 字 编 辑	金常伟
标 准 书 号	ISBN 978-7-301-35060-7
出 版 发 行	北京大学出版社
地　　址	北京市海淀区成府路 205 号　100871
网　　址	http://www.pup.cn　新浪微博：@北京大学出版社
电 子 邮 箱	编辑部 pup6@pup.cn　总编室 zpup@pup.cn
电　　话	邮购部 010-62752015　发行部 010-62750672　编辑部 010-62750667
印 刷 者	北京溢漾印刷有限公司
经 销 者	新华书店
	787 毫米×1092 毫米　16 开本　14.75 印张　354 千字 2008 年 2 月第 1 版　2013 年 8 月第 2 版 2024 年 5 月第 3 版　2024 年 5 月第 1 次印刷
定　　价	49.00 元

未经许可，不得以任何方式复制或抄袭本书之部分或全部内容。
版权所有，侵权必究
举报电话：010-62752024　电子邮箱：fd@pup.cn
图书如有印装质量问题，请与出版部联系，电话 010-62756370

第 3 版前言

承蒙广大师生和其他读者的厚爱，本书前两版取得了不错的销售成绩。在使用本书授课过程中，总体上相当满意。自 2008 年第 1 版问世至今，.NET 发生了翻天覆地的变化，从最早的.NET Framework 到可以跨平台在 Linux 下编程的.NET Core，再到微软 2022 年推出的可以在安卓(Android)和 iOS 上开发 App 的.NET 7.0，早期使用的 Windows 窗体应用程序已经不再适应时代及计算机硬件的发展。经过深思熟虑，编者最终决定对书稿进行大幅度改动，使用微软推出的跨平台框架 MAUI 代替原来的 Windows 窗体应用程序进行开发。

使用 MAUI 进行开发，会在一定程度上增加学习难度，为了减少这种难度给初学者造成的困扰，编者精心制作了配套视频，每集约 20min。在学习相应内容时，可直接扫描书上的二维码观看。很多时候，所述示例在书中只列出了程序的最终代码，并未讲解其实现过程及细节，为更好地掌握知识，建议尽量观看视频进行学习。

本书在第 2 版的基础上还做出了如下改动。

(1) 使用 Visual Studio 2022 作为开发工具。

(2) 第 1 章全部重写，主要介绍.NET 的背景知识及.NET 可以做什么。

(3) 第 2 章全部重写，介绍了 XML 语法知识，以及 MAUI 控件的基本使用方法。

(4) 第 3 章为新增章节，详细介绍了 MAUI 控件的使用方法，本章所有内容均制作了配套视频。

(5) 第 4、5、6、10 章将实训指导中原来使用 Windows 窗体应用程序制作改为使用 MAUI 编写，并制作了相应的配套视频。

(6) 第 9 章全部重写，将原来的 GDI+绘图改为可以跨平台使用的 GraphicsView 绘图。

(7) 第 11 章综合实训改为制作更有趣味性、更适合锻炼初学者逻辑思维能力的俄罗斯方块游戏。

(8) 原书的第 12 章删除。

本书的适用对象是毫无编程基础的初学者。市面上不乏 C#语言的入门书籍，但对于最基础的那一部分入门知识大多一笔带过。这对于一个有语言基础的人来说是一件好事，但对于大部分初学者来说无疑增加了他们的学习难度。基础往往容易被人们所忽略，但拥有坚实的基础可以让以后的学习倍感轻松。本书所讲述的正是 C#语言的最基础部分。对于知识点的讲解，本书尝试用最简单的代码去解决一个问题，然后在每章最后或实训指导中使用生动有趣的例子来综合运用前面所学知识。每个例子的代码都尽量控制在 60 行左右，这样不至于让初学者望而生畏。这些例子的代码虽然少，但技巧性非常强，即使有一定经验的开发人员也能从中获益。

本书适用对象

(1) 高职高专院校学习 C#语言的学生。

(2) 没有语言基础的初学者。

(3) 从其他语言转入 C#语言学习的开发人员。

学时安排

理论：22 学时(每章 2 学时)。

实验：22 学时(每章 2 学时)。

实训：30 学时。

本书由广西机电职业技术学院陈广主编，张泽民、林小强、蓝冬妮为副主编。蓝冬妮负责第 1 章主体部分及每章课后习题的编写，林小强负责第 2 章主体部分的编写，张泽民负责第 11 章主体部分的编写，陈广负责其余内容的编写。

由于编者水平有限，书中不足之处在所难免，如果读者有任何疑问或意见，请通过电子邮件和编者联系：cgbluesky@126.com。

编 者
2024 年 1 月

目　　录

第1章　绪论 …………………………1
1.1 .NET 的发展历程 ………………2
1.2 .NET 可以做什么 ………………4
1.3 .NET MAUI …………………………7
1.4 开发工具 Visual Studio 的安装 ……9
1.5 第一个应用程序 …………………10
本章小结 …………………………………10
习题 ………………………………………11

第2章　常用标准控件 …………………13
2.1 XAML 语言 ………………………14
2.2 控件的使用 ………………………20
2.3 常用控件 …………………………23
2.4 窗体的大小和位置 ………………30
实训指导 …………………………………31
本章小结 …………………………………33
习题 ………………………………………33

第3章　界面布局 ………………………35
3.1 Grid ………………………………36
3.2 HorizontalStackLayout …………38
3.3 VerticalStackLayout ……………39
3.4 AbsoluteLayout …………………43
3.5 FlexLayout ………………………46
实训指导 …………………………………50
本章小结 …………………………………57
习题 ………………………………………58

第4章　数据类型 ………………………61
4.1 关键字和标识符 …………………62
4.2 变量与常量 ………………………63
4.3 整型数据 …………………………65
4.4 实型数据 …………………………68
4.5 字符型数据 ………………………71
4.6 字符串型数据 ……………………74
4.7 隐式转换 …………………………76
4.8 显式转换 …………………………77
实训指导 …………………………………78
本章小结 …………………………………81
习题 ………………………………………81

第5章　运算符和表达式 ………………83
5.1 算术运算符 ………………………84
5.2 逻辑运算符 ………………………87
5.3 赋值运算符和表达式 ……………92
5.4 关系运算符和关系表达式 ………94
5.5 字符和字符串运算符 ……………95
5.6 其他运算符 ………………………95
5.7 运算符的优先级 …………………96
实训指导 …………………………………101
本章小结 …………………………………106
习题 ………………………………………106

第6章　条件判断语句 …………………109
6.1 if 语句 ……………………………110
6.2 switch 语句 ………………………119
实训指导 …………………………………122
本章小结 …………………………………126
习题 ………………………………………126

第7章　循环控制语句 …………………128
7.1 while 语句 ………………………129
7.2 do…while 语句 …………………130
7.3 for 语句 …………………………132
7.4 循环的嵌套 ………………………135
7.5 foreach 语句 ……………………136
7.6 break 语句和 continue 语句 ……138
实训指导 …………………………………140
本章小结 …………………………………142
习题 ………………………………………142

第 8 章 数组 146

- 8.1 一维数组 147
- 8.2 多维数组 154
- 8.3 动态数组 160
- 实训指导 164
- 本章小结 167
- 习题 167

第 9 章 绘图 169

- 9.1 创建 GraphicsView 170
- 9.2 绘制直线 171
- 9.3 绘制矩形 174
- 9.4 绘制椭圆 176
- 9.5 绘制图形对象 177
- 9.6 绘制文本 187
- 实训指导 188
- 本章小结 192
- 习题 192

第 10 章 方法 195

- 10.1 方法的定义 196
- 10.2 方法的调用 197
- 10.3 方法的参数传递机制 199
- 10.4 方法的重载 205
- 10.5 变量的作用域及可见性 206
- 10.6 方法的递归调用 209
- 实训指导 211
- 本章小结 213
- 习题 214

第 11 章 综合实训 217

- 11.1 实训案例 217
- 11.2 方块生成器 218
- 11.3 代码编写 220
- 11.4 思考与改进 229

参考文献 230

第 1 章 绪 论

 教学提示

C#(读作 C sharp)是一种简单、现代、面向对象且类型安全的编程语言。C#语言从 C 语言和 C++语言演化而来，同时具备了应用程序快速开发(Rapid Application Development, RAD)语言的高效率和 C++语言的强大功能，吸收了 Java 和 Delphi 等语言的特点和精华，是目前 .NET 开发的首选语言。

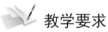 教学要求

知识要点	能力要求	相关知识
C#语言简介	(1) 了解 C#语言的由来 (2) 掌握 C#语言的特点	(1) C#语言的由来 (2) C#语言的特点 (3) C#语言的前景
MAUI 跨平台框架	(1) 了解 .NET MAUI 的体系结构 (2) 掌握 Visual Studio 2022 的安装方法 (3) 熟悉 Visual Studio 2022 的集成开发环境	(1) .NET MAUI 的工作原理 (2) 安装 Visual Studio 2022 的步骤 (3) Visual Studio .NET 2022 集成开发环境的功能
开发环境的初步实践	(1) 正确创建和编写控制台应用程序 (2) 正确创建和编写 MAUI 应用程序	(1) 创建项目的步骤 (2) 编写程序的方法和要求

1.1 .NET 的发展历程

安德斯(图 1.1),丹麦技术天才,自学成材的典范,全世界众多程序员的偶像。

图 1.1 安德斯

安德斯出生于哥本哈根,曾在丹麦技术大学学习工程学。20 世纪 80 年代初,与合伙人在美国创办了 Borland 公司。最初,安德斯以汇编语言编写的 Turbo Pascal 编译器因极少的内存使用和闪电般的编译速度,一经推出便大获成功。之后,安德斯继续开发 Turbo Pascal,并且在后来领导一个团队于 1995 年设计了 Turbo Pascal 的替代品、开发工具史上的奇迹——Delphi 语言。

Delphi 首创了可拖曳的、可视化的集成开发环境,开发人员利用它可以快速地构造出应用系统。开发人员也可以根据自己的需要修改组件或用 Delphi 本身编写自己的组件。Delphi 的编译速度远比当时 VB 和 VC++的编译速度快得多,和这两款开发工具相比,Delphi 更简单、更易于掌握,在功能上也丝毫不逊色。当时流行一句话"真正的程序员使用 C++,聪明的程序员使用 Delphi。"

1995 年,Sun 公司正式推出了面向对象的开发语言 Java,并提出了跨平台、跨语言的概念,此后 Java 就逐渐成为企业级应用系统开发的首选工具,而且越来越多的基于 C/C++的应用开发人员转向了从事基于 Java 的应用开发。Delphi 2.0 之后,安德斯在 Borland 公司没有得到足够的重视,未获得足够的自由发展空间。另外,微软在面对 Java 与日俱增的压力之下,非常渴望能够有像安德斯这样的人才领导开发下一代的开发工具。经过数次沟通,创始人比尔·盖茨亲自出马,最终以优厚条件将安德斯邀请至微软公司,并许诺给安德斯一个小组的人力和充分的资源,供他尽情发挥。

1996 年,安德斯到微软之后,负责主持 Visual J++的研发工作,并让 Microsoft 的编译器技术很快有了提高。1998 年,大名鼎鼎的 Visual Studio 6.0 发布,此时的 J++,不仅性能比 Java 更高,还支持 Windows API。因其易用性迅速抢占了 Java 的市场,成为业内公认的优秀 Java 编译器。但其主要运用在 Windows 平台的系统开发中,Sun 公司认为 Visual J++

违反了Java的许可协议，即违反了Java开发平台的中立性，因而，对微软提出了诉讼。直到2001年，法院最终判定微软未能遵循Java规范，Sun公司胜诉。同年，两家公司达成和解：微软停止Visual J++项目，Sun公司不再追究经济损失。

微软急需一种抗衡Java的工具，于是开始实施.NET计划，并由安德斯主持研发一种全新的C#语言用于取代J++。C#读作C Sharp(锐利的意思)，它借鉴了Java和C++语法系统，意为C++++。2002年，.NET Framework 1.0与Visual Studio 2002一同发布，从此开启了.NET时代。此时的.NET框架支持两种语言：C#和VB.Net。之所以推出VB.NET，是要照顾之前的VB开发者，.NET的主打语言实际上是C#。

2005年11月，.NET Framework 2.0发布，该框架包括C# 2.0。相比第一代添加了新的语法特性，其中最重要的就是泛型。Visual Studio也升级到Visual Studio 2005。Windows Form则作为Windows下的应用程序解决方案。

2007年，.NET 3.0发布。它是.NET框架最重大的一个更新，其中的WPF作为前端用户界面的解决方案，包括Silverlight。.NET 3.0标志着Windows平台开始全面转向.NET时代(以后所有版本的Windows都预装.NET，而在这之前，只有服务器版本的Windows会预装.NET)。

2008年，.NET 3.5发布，C#也升级到了3.0版本。C# 3.0最重要的一个功能是LINQ。相应地，为了支持LINQ，此版本也加入了扩展方法、Lambda表达式等新功能。从C# 3.0开始，C#不再是Java的一个"跟班小弟"，它在某种意义上实现了对Java的超越(Java直到2014年才在Java 8中加入了Lambda表达式)。相应地，Visual Studio升级到了Visual Studio 2008。.NET Framework 3.5是一个高度成熟的版本，它占据了大量市场。

2010年，.NET 4.0发布。.NET 4.0集成了C# 4.0，主要增加了动态语言运行时和任务并行库，它包括PLINQ、任务等，优化了多线程的编程方式。Visual Studio也升级到了Visual Studio 2010。

2012年，.NET 4.5和C# 5.0一起发布。在C# 5.0中，正式引入了异步编程。这又是一项跨时代的技术。而.NET Framework 4.5，也成为继.NET Framework 3.5之后第二个高度成熟版本。相应地，Visual Studio也升级到了Visual Studio 2012。在这之后，.NET还有更高的版本，即4.6和4.7，分别对应Visual Studio 2015和Visual Studio 2017。

当谷歌的安卓(Android)系统异军突起时，微软却一直裹足不前，微软错失移动互联网的最佳发展时期。在手机操作系统领域，Windows Phone完败于谷歌的Android。在服务器操作系统领域，其市场份额也越来越小。虽然在个人计算机操作系统中，Windows仍是无可争议的王者，但微软也意识到单靠Windows无法支撑公司未来的发展。2014年，微软确立了以云服务为重点的发展战略，意识到了开放的重要性，开始积极拥抱开源和跨平台。微软开始积极筹备自己的跨平台.NET。当时还只是考虑网站开发，计划被命名为ASP.NET MVC 6。后来随着项目的进行，微软改变策略，决心做成一个全面的、通用的、跨平台的.NET，并改名.NET Core。

2016年，.NET Core 1.0正式发布。它不仅跨平台(Windows、Mac OSX、Linux)，而且还是开源的。最早开源于微软自己的开放代码平台CodePlex，后来迁移至微软收购的开放代码平台GitHub。.NET Core的发布标志着微软结束了封闭，走向了开放。.NET Core并不是.NET Framework的后续版本，而是.NET的另一个分支，所以它们有各自的版本编号。

2017年，.NET Core 2.0 与 Visual Studio 2017 一起发布，C#也升级到了 7.1 版本。2019年，.NET Core 3.0 与 Visual Studio 2019 同时发布，C#升级到了 8.0 版本。2020 年 11 月，.NET 迎来了一个跨时代版本，同时 C#升级到了 9.0 版本。.NET Framework 版本号最终定格在 4.8，而.NET Core 的版本号定格在 3.1.3，两者名称废弃，两个分支合并为一个全新产品.NET 5.0。.NET 5.0 是.NET Framework 和.NET Core 核心的结合，旨在统一.NET 平台，提供一个单一的、跨平台的.NET 运行时和具有统一运行时行为和开发者体验的框架。.NET 5.0 性能大幅提升，并增加了可支持平台范围，如 Windows、Linux、macOS、iOS、Android、tvOS、watchOS 和 WebAssembly 等。

2021 年 11 月，.NET 6.0 与 Visual Studio 2022 一起发布，C#升级到了 10.0 版本。.NET 6.0 在移动、桌面、物联网和云应用之间统一了软件开发工具包、基础库和运行时。除了这方面的统一，.NET 6.0 生态系统还提供了以下功能。

- 简化开发，轻松入门。C# 10.0 中的新语言功能可减少需要编写的代码量。利用 Web 堆栈和最小 API 的消耗，可以轻松、快速地编写更小、更快速的微服务。
- 更佳的性能。.NET 6.0 是最快的完整堆栈 Web 框架，如果在云中运行，则会降低计算成本。
- 终极工作效率。.Net 6.0 和 Visual Studio 2022 提供热重载、新的 git 工具、智能代码编辑、可靠的诊断和测试工具，以及更好的团队协作。

2022 年 11 月 8 日，.NET 7.0 作为微软的开源跨平台开发平台正式发布。.NET 7.0 的发布结束了 2014 年开始的统一推动，最终统一了所有不同的.NET 开发工具组件，使开发人员能够在相同的基础类库、运行时和编译器上构建所有类型的应用(桌面、移动、Web等)。.NET 7.0 的主要亮点包括以下内容。

- .NET 7.0 的性能改进使其成为有史以来最快的.NET 版本。
- .NET 7.0 建立在平台的统一之旅之上，改进了.NET MAUI，增强了对 ARM64 上.NET 应用程序的支持，以及与 Canonical 公司的合作伙伴关系，其中包括.NET 和 Ubuntu。
- .NET 7.0 使开发人员能够轻松构建具有 .NET SDK 的内置容器支持、Microsoft Orleans 7.0 和可观测性集成等功能的新式云原生应用。
- C# 11 和 F# 7 中的新增功能简化了开发人员的工作，使开发人员能够用更少的代码完成更多工作。

1.2 .NET 可以做什么

.NET 是一种用于构建多种应用的开源开发平台。在.NET 中，用户可以使用不同的语言、编辑器和类库来创建以下应用。

- Web 应用、Web API 和微服务。
- 云中的无服务器函数。
- 云原生应用。
- 移动应用。
- 桌面应用。

- Windows WPF。
- Windows 窗体。
- 通用 Windows 平台。
- 跨平台的 MAUI 窗体应用。
- 游戏。
- 物联网。
- 机器学习。
- 控制台应用。
- Windows 服务。

1. 操作系统

编写好的程序需要处理器去执行，处理器又分为不同类型，如速度慢、功能简单的微控制器(Micro Controller Unit，MCU，俗称单片机)，以及速度快、功能复杂的中央处理器(Central Processing Unit，CPU)。

单片机应用最为广泛，常用于功能较为单一、速度慢、功耗低的场景，如洗衣机、电饭锅、微波炉、电冰箱等中。单片机程序在执行少数几个任务时，不需要借助操作系统进行控制，多个任务间可以使用轮流执行或中断等方式进行协同。但如果同时运行的任务变多，管理这些任务会变得非常困难，此时，就需要将管理工作外包给操作系统，从而降低编程及控制的复杂性。单片机一般使用的是实时操作系统。实时操作系统要求任务的响应时间足够短，并严格按照任务的优先级来分配处理器的时间。常见的实时操作系统包括 FreeRTOS、VxWorks、uCOS，以及华为的 Huawei LiteOS 等。

CPU 的运行速度远超单片机，适用于更复杂的场景，如个人计算机、手机、服务器等，这些场景往往会同时执行上百个任务，需要更为高级的操作系统。个人计算机使用的操作系统有 Windows、Linux 和 macOS；手机使用的操作系统有 Android、苹果的 iOS，以及华为的鸿蒙等；服务器的操作系统有 Windows Server、Linux、UNIX 等。在实时操作系统中，优先级高的任务先执行，执行完成后再执行优先级低的任务。在上百个任务同时执行的情况下，这样的逻辑会导致某些优先级低的任务长期无法执行，所以在高级操作系统中，会给每个任务划分一定的时间片轮流执行，优先级高的任务得到的时间片较多，优先级低的任务得到的时间片较少，从而有效保证所有任务都会得到执行。

C#支持的操作系统包括以下内容。
- Windows，微软公司的产品，用于个人计算机及服务器。
- macOS，苹果公司的产品，用于个人计算机。
- Linux，用于个人计算机、服务器及嵌入式系统。
- Android，谷歌公司的产品，用于手机、平板计算机。
- iOS，苹果公司的产品，用于手机、平板计算机。
- tvOS，苹果公司的产品，用于电视机。
- watchOS，苹果公司的产品，用于智能手表。

C#是一门全功能语言，除了无法编写单片机程序外，几乎可以做任何事情。

2. 控制台应用程序

早期的高级操作系统，如 UINX 和 DOS，是完全使用控制台应用程序进行控制的。控制台应用程序的特点是使用命令的方式控制程序的运行，没有任何的可视化界面，也不需要使用鼠标进行操作，它对使用者的专业知识和操作水平有着较高的要求。在现代操作系统中那些后台运行的无须人为干预的应用程序一般都会使用控制台应用程序进行编写。在远程服务器中运行的程序大多也是以控制台应用的形式存在的。C#可以在所有它所支持的操作系统中编写控制台应用程序。

3. 窗体应用程序

窗体应用程序是具有可视化界面的由操作系统直接运行的应用程序。其最早出现于 Windows 操作系统中，它的出现极大地降低了计算机的使用难度，并推动了计算机的普及。C#可以在其支持的除 Linux 外的所有操作系统中编写窗体应用程序(如果实在需要在 Linux 中使用 C#编写窗体应用，可以使用 Mono)。

窗体应用程序在 Windows 操作系统中被称为 Windows 应用程序，用于个人计算机，而在手机使用的 Android 和 iOS 操作系统中则被称为 App。这里主要讨论 Windows 操作系统下的窗体应用程序。

Windows 操作系统下早期的窗体应用程序使用的是 Windows Forms 技术，它以拖曳控件的方式进行用户界面(User Interface，UI)设计，这种设计方式简单、易学，但 UI 与应用逻辑间的耦合度过高。另外，使用较低级的 GDI+技术进行界面绘制，导致很难设计出炫酷、漂亮的视觉效果。随着 Web 应用的逐渐流行，这种设计方式逐渐退出主流市场。

2007 年，微软在.NET 3.0 中引入了 WPF 作为新的用户界面框架。WPF 使用 DirectX 技术进行 UI 绘制，可以带给用户震撼的视觉体验。WPF 改为使用 XAML 脚本语言进行设计界面，更接近于 Web 的 UI 设计方式，有效分离了 UI 与应用逻辑之间的耦合。虽然微软在后继版本的.NET 中加入了新的用户界面框架，但现在绝大多数的窗体应用还是在使用 WPF 技术。

2015 年，微软推出 UWP。UWP 使得一款应用可以在所有 Windows 10 设备上运行，如 Windows 10 手机、平板计算机、笔记本计算机、个人计算机、Xbox、巨屏触控 Surface Hub 和物联网设备 Raspberry Pi 2 等，不再有界限。新的通用平台允许新类型的 Windows 10 通用应用真正实现一次编写、一套业务逻辑和统一的用户界面。但 UWP 并不支持 Windows 操作系统的早期版本，且 Windows 10 也没有在平板计算机中得到广泛应用，最终导致 UWP 并未得到广泛应用。

4. Web 应用程序

以个人计算机为例，如果应用程序需要与远程服务器的数据进行交换，可以有两种方式。

(1) 个人计算机的 Windows 应用程序直接与远程服务器进行通信。此时需要在个人计算机和远程服务器中各部署一个程序，所以被称为客户端/服务器(Client/Server，C/S)架构。QQ 和网络游戏都属于这类架构。这类程序的最大特点是必须先下载并安装客户端才可以使用，客户端经常需要更新，甚至重装。服务器端需要考虑与各种不同版本的客户端同时通信所产生的兼容性问题，从而极大地增加了整个系统维护的复杂性。

(2) 使用个人计算机中的 Web 浏览器与服务器进行通信。这类程序被称为浏览器/服务器(Browser/Server，B/S)架构，个人计算机被称为前端，远程服务器则被称为后端。用户在前端浏览器中输入网址或 IP 地址向远程服务器发送请求，远程服务器在收到请求后返回相应的页面(HTML 脚本)及页面所执行的程序(JavaScript 程序)。前端浏览器在收到返回的页面后，解析并显示页面，页面中可能包含一些链接或按钮，当用户在浏览器中单击这些链接或按钮时，浏览器则向远程服务器发起另一个申请或与服务器进行数据交换。B/S 应用运行流程如图 1.2 所示。

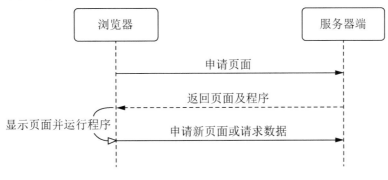

图 1.2 B/S 应用运行流程

在 B/S 架构中，所有执行程序代码实际上都是存储在远程服务器中的，只有当浏览器向服务器发出申请后，程序才由服务器传送给浏览器执行。无论有多少个前端发起请求，它所执行的都是同一个版本的代码，只要在后端更新代码，那么所有前端所执行的代码都会更新。另外，无论何时何地，只要有一台计算机就可以通过浏览器处理业务，这使得系统维护变得简单方便。

1.3 .NET MAUI

跨平台 UI 框架(Multi-platform App UI，MAUI)源自 Mono。Mono 是由 Xamarin 公司开发并维护的首个面向.NET 应用程序的多平台开源框架。随后，Mono 项目中一批非常活跃的工程师将 Mono 里的移动开发这一部分专门拿出来做成商业项目，并命名为 Xamarin。Xamarin 公司被微软收购后，Xamarin 成为.NET 的一部分，在 iOS、Android、Windows Phone 等操作系统中使用 C#与.NET Framework 进行开发。2020 年，微软发布 MAUI，MAUI 将 Xamarin.Forms 与 WinUI 进行整合，使其包含移动设备及桌面设备，MAUI 成为构建多平台应用程序的最佳方案。MAUI 的出现，使得.NET Framework、.NET Core 和 Xamarin 在.NET 6.0 中完成了统一，.NET 在发展 20 年后终于达到了所有应用的统一平台的高度。

使用.NET MAUI，可从单个项目库开发运行在 Android、iOS、macOS 及 Windows 操作系统上的应用程序。.NET MAUI 的使用场景如图 1.3 所示。

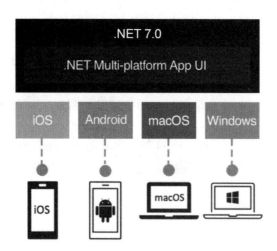

图 1.3　.NET MAUI 的使用场景

1.3.1　.NET MAUI 的工作原理

.NET MAUI 将 Android、iOS、macOS 和 Windows API 统一到单个 API 中，提供"编写一次，随处运行"的开发体验，同时还提供了对每个原生平台各个方面的深入访问。

.NET 6.0 或更高版本提供了一系列特定于平台的框架，用于创建应用，如.NET for Android、.NET for iOS、.NET for macOS 和 Windows UI 3 (WinUI 3)库。这些框架都有权访问同一个.NET 基础类库(Base Class Library, BCL)。此库将底层平台的详细信息从代码中抽象出来。BCL 依赖.NET 运行时为代码提供执行环境。对于 Android、iOS 和 macOS，环境由 Mono 实现，Mono 是.NET 运行时的一种实现。对于 Windows，由.NET 公共语言运行时提供执行环境。

虽然 BCL 允许在不同平台上运行的应用共享共同的业务逻辑，但各种平台有不同的方法来定义应用程序的用户界面，并且它们提供不同的模型来指定用户界面元素的通信和互操作方式。可以使用相应平台框架(.NET for Android、.NET for iOS、.NET for macOS 或 WinUI 3)分别为每个平台创建 UI，但此方法需要为每个设备系列都维护一个代码库。

.NET MAUI 为构建移动和桌面应用程序的 UI 提供了一个单一框架。图 1.4 所示为.NET MAUI 应用程序体系结构的高级视图。

.NET MAUI 应用可以在个人计算机上编写，并编译为本机应用包。

- 使用.NET MAUI 构建的 Android App 从 C#语言编译为中间语言，然后在应用启动时实时编译为本机程序集。
- 使用.NET MAUI 构建的 iOS App 是提前编译将 C#语言完全编译为本机 ARM 汇编代码。
- 使用.NET MAUI 构建的 macOS 应用程序使用的是 Mac Catalyst，这是苹果公司提供的一种解决方案，可将使用 UIKit 构建的 iOS App 引入桌面，并根据需要使用其他 AppKit 和平台 API 对其进行扩充。
- 使用.NET MAUI 构建的 Windows 应用程序使用 WinUI 3 库创建面向 Windows 桌面的本机应用。

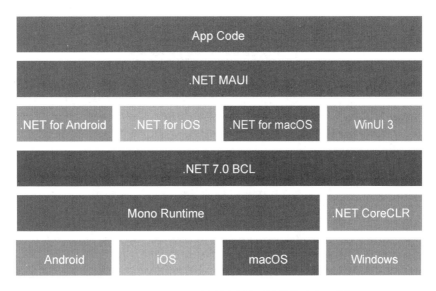

图 1.4 .NET MAUI 应用程序体系结构的高级视图

1.3.2 .NET MAUI 提供的功能

.NET MAUI 提供了一组控件集合，可用于显示数据、启动操作、指示活动、显示集合、选取数据等。除了控件集合外，.NET MAUI 还提供以下内容。

- 用于设计页面的精心布局引擎。
- 用于创建丰富导航类型的多种页面类型，如抽屉。
- 支持数据绑定，实现更美观、更易维护的开发模式。
- 自定义处理程序以增强 UI 元素呈现方式。
- 用于访问本机设备功能的跨平台 API。这些 API 使应用程序能够访问设备功能，例如 GPS、加速计，以及电池和网络状态。
- 跨平台图形功能，提供支持绘制形状和图像、合成操作和图形对象转换的绘图画布。
- 面向 Android、iOS、macOS 和 Windows 的多目标单项目系统。
- .NET 热重载，以便在应用程序运行时同时修改 XAML 和托管源代码，然后观察修改结果，而无须重新生成应用程序。

1.4 开发工具 Visual Studio 的安装

要使用 Visual Studio 进行 MAUI 开发，必须安装 Visual Studio 17.4.1 及以上版本(安装 Visual Studio 最新版本即可)。安装过程比较复杂，使用文字无法清晰、完整地表达，请务必参考视频 1.1 进行安装。

视频 1.1：Visual Studio 的安装

视频完整讲述了在 Windows 11 家庭版及专业版上安装 Visual Studio 2022 的过程。如果使用的是 Windows 10，安装过程类似。

1.5 第一个应用程序

前面介绍了开发环境的安装和使用,接下来将通过对开发环境的初步实践进一步了解它的使用方法。

1. 第一个控制台应用程序

控制台应用程序主要在操作系统后台运行或远程服务器中运行,它没有界面和窗口,编写简单,非常适合初学者学习。本书大部分的示例都是控制台应用程序。在 Visual Studio 中可以创建多种控制台应用程序,本书使用的是.NET 7.0 下的控制台应用程序。为避免创建错误的应用程序,请务必观看视频 1.2。相关操作步骤、操作细节,以及代码的编写顺序,本书全部使用视频进行讲解,书本上只列出示例完成后的代码。

视频 1.2:第一个控制台应用程序

视频演示了旧式控制台程序的编写(使用.NET Framework 框架),以及新式控制台程序的编写(使用.NET Core)。

2. 第一个 MAUI 应用程序

本书完全使用 MAUI 应用程序代替前两版中的 Windows 窗体应用程序作为示例。主要原因是:第一,Windows 窗体应用程序已经无法适应现代计算机的高分辨率屏幕;第二,MAUI 的跨平台性,MAUI 编写的应用程序不仅可以在计算机上使用,也可以在手机或平板计算机上使用。

在手机或模拟器上运行和调试 MAUI 应用较为复杂,请参考视频 1.3。

视频 1.3:第一个 MAUI 应用程序

视频演示了如何在 Window 11 操作系统下创建并运行 MAUI 应用程序。

视频 1.4:如何备份 MAUI 应用程序

新建一个项目所生成的文件会占用近 100M 的空间。视频演示了如何删除程序项目中的部分文件并进行备份,最终将文件控制在 1M 左右。

本 章 小 结

本章详细介绍了 C#语言的发展历史、特点、功能,以及 Visual Studio 2022 的安装和集成开发环境,并通过示例讲解了如何利用开发环境创建和实现 MAUI 应用程序或者控制台应用程序。掌握并灵活运用本章内容至关重要,后续章节创建和实现 MAUI 应用程序或者控制台应用程序都会运用本章知识。

习　　题

1. 判断题

(1) C#语言是由 Delphi 发展而来的。　　　　　　　　　　　　　　　　(　　)

(2) .NET 不支持进行 Web 开发。　　　　　　　　　　　　　　　　　(　　)

(3) 使用.NET 可以进行移动应用的开发。　　　　　　　　　　　　　　(　　)

(4) Windows 是一种实时操作系统。　　　　　　　　　　　　　　　　(　　)

(5) 在 B/S 架构中,所有执行代码实际上都是存储在远程服务器中的。　　(　　)

(6) QQ 是一种 B/S 架构的应用程序。　　　　　　　　　　　　　　　(　　)

(7) .NET MAUI 将 Android、iOS、macOS 和 Windows API 统一到单个 API 中。

(　　)

(8) .NET MAUI 为构建移动和桌面应用程序的 UI 提供了一个单一框架。　(　　)

2. 选择题

(1) C#语言从(　　)语言演化而来。

　　A. C 和 VB　　　　B. Delphi 和 C　　C. C 和 C++　　　D. C++和 Java

(2) C#语言的首席设计师是(　　)。

　　A. Philippe Kahn　　B. 安德斯　　　C. Bill Gates　　　D. Steve Ballmer

(3) C#语言使用的开发平台是(　　)。

　　A. Visual C++　　　　　　　　　　B. Delphi

　　C. Visual Studio 2022　　　　　　　D. TURBO C

(4) .NET Framework 2.0 是在(　　)年发布的。

　　A. 2005　　　　　B. 2008　　　　　C. 2019　　　　　D. 2023

(5) .NET 不支持(　　)操作系统。

　　A. Windows　　　B. macOS　　　　C. watchOS　　　D. FreeRTOS

(6) 以下说法错误的是(　　)。

　　A. 对于 C/S 架构的应用程序,必须先下载安装客户端才可以使用

　　B. 对于 B/S 架构的应用程序,必须先下载安装客户端才可以使用

　　C. 对于 B/S 架构的应用程序,必须先安装浏览器才能使用

　　D. 对于 C/S 架构的应用程序,无须安装浏览器就可以使用

3. 填空题

(1) C#语言是由_____主持开发的。

(2) C#的读音是_____。

(3) MCU 的英文全称为_____。

(4) CPU 的英文全称为_____。

(5) Windows 操作系统是_____公司的产品。
(6) Android 操作系统是_____公司的产品。
(7) MAUI 的英文全称为_____。
(8) .NET MAUI 提供了一种_____的开发体验。

4. 简答题

(1) 简述 B/S 架构的应用程序和 C/S 架构的应用程序的区别。
(2) 简述 C#支持哪些操作系统。

第 2 章 常用标准控件

 教学提示

在现实生活中,自动柜员机(Automatic Teller Machine,ATM)几乎每个人都使用过,将银行卡插入 ATM,然后按屏幕提示进行一些简单操作就可以进行查询、取款、转账等。一般情况下,大部分人都不需要任何培训,就可以无障碍使用 ATM。实际上,ATM 在后台所实现的操作是极其复杂的,但它很好地将这些复杂操作隐藏了起来,用户在使用时并不需要关心 ATM 是如何工作的、它的原理是什么,只需要按照提示操作并等待结果即可。

 教学要求

知 识 要 点	能 力 要 求	相 关 知 识
XML 语言	(1) 掌握 XML 语言的基本语法 (2) 掌握使用 XAML 语言创建控件的方法 (3) 掌握使用 C#语言创建控件的方法	(1) XML 语言的基本语法 (2) 控件的使用
常用控件	(1) 理解 MAUI 中控件的常见通用属性 (2) 理解事件及事件处理程序 (3) 掌握 Label、Button 和 Entry 控件的使用方法	(1) 创建各种控件的方法 (2) 设置控件属性的方法 (3) 各控件在程序中的应用

在.NET 的可视化开发中，控件是指软件中可重复使用的功能模块，如按钮、编辑框、菜单、表格等。控件和 ATM 类似，它将复杂的实现方法隐藏在控件内部，只对用户开放简单的操作接口，极大地降低了程序的开发难度，并有效地避免了重复开发，提升了开发速度。.NET 中有控件和组件(Component)两个概念。控件是可以在程序界面上看得到的；而组件在程序界面上无法看到，它只是实现了特定功能。可以说，控件是实现了用户界面的组件。在 MAUI 中，主要使用 XAML 语言对控件进行声明和布局。

2.1 XAML 语言

早期的 Windows 窗体应用程序使用拖曳控件的方式实现界面设计，这种方式简单易学，可以让初学者快速入门。但随着硬件技术的发展，显示器分辨率不断提高，Windows 窗体应用程序在高分辨率屏幕中的显示效果越来越不尽如人意，这种界面设计方式逐渐被市场淘汰。从 WPF 开始，微软开始使用可扩展应用程序标记语言(Extensible Application Markup Language，XAML)实现页面布局，这种界面设计方式一直沿用至 MAUI。相比拖曳控件的方式，XAML 需要手写代码，难度增加，但其功能强大、简洁、易于阅读、方便复制，且更符合软件设计的发展潮流。

2.1.1 XML 语言的基本语法

XAML 的语法基于 XML 发展而来，有效的 XAML 必须也是有效的 XML。在学习 XAML 前首先掌握 XML 的基本语法。

(1) XML 文件的第一行为 XML 声明，它定义了 XML 的版本号及所使用的编码。下述 XML 声明表明了此文档为一个标准的 XML 文档。

```
<?xml version="1.0" encoding="utf-8" ?>
```

(2) XML 文件由一个或多个元素(Element)组成。元素由开始标签和结束标签组成。

开始标签由一对尖括号内包含的元素名称组成，格式为<元素名称>，如<root>和<child>。

结束标签和开始标签类似，只是在左边尖括号后跟一个反斜杠，格式为</元素名称>，如</root>和</child>。

开始标签和结束标签必须成对出现，且开始标签和结束标签中的元素名称必须完全一致。例如，

```
<root>this is a element</root>
```

如果开始标签和结束标签之间无任何数据，则可以省略结束标签，并简写为

```
<root/>
```

(3) XML 的多个元素之间形成一种树形关系，在一个元素内，可以包含一个或多个子元素。

注意：XML 必须包含一个，且只能包含一个根元素。例如，下述 XML 文档中包含了一个名为<root>的根元素，<root>根元素包含了两个<child>子元素，两个<child>子元素又

各自包含了一个<subchild>子元素。

```xml
<?xml version="1.0" encoding="utf-8" ?>
<root>
    <child>
        <subchild>…</subchild>
    </child>
    <child>
        <subchild>…</subchild>
    </child>
</root>
```

(4) XML 元素间必须被正确嵌套，一个子元素必须被完全包含在其父元素内，不可相互嵌套。例如，以下为错误的嵌套方式。

```xml
<root>
    <child>
</root>
    </child>
```

(5) XML 元素是大小写敏感的，<root>和<Root>是两个不同的元素。
(6) XML 元素的开始标签内可包含属性(Attribute)，属性格式如下。

属性名称 = "属性值"

属性值必须加引号，可以是双引号，也可以是单引号。

```xml
<person name = "John" sex = "male"/>
<person name="John">
    <sex>male</sex>
    <birthday>6/21/2008</birthday>
</person>
```

(7) 可以在 XML 文档中添加注释，注释中的内容不会对文档产生任何影响。注释格式为

<!--这是一个注释-->

可以为上例代码加入如下注释。

```xml
<person name = "John" sex = "male"/>      <!--一个名为John 的男人-->
<person name="John">                      <!--一个名为John 的人-->
    <sex>male</sex>                       <!--性别为男-->
    <birthday>6/21/2008</birthday>        <!-- 生日为2008 年6 月21 日-->
</person>
```

2.1.2 XML 命名空间

XML 的本质是用来存放数据的，数据如何使用是由 XML 解析器来决定的。假设在 XML 文档中存在多个同名元素，而这些元素所代表的意义完全不同，解析器需要对它们进行不同的处理。例如，"表格"的英文是 table，"桌子"的英文也是 table，有这么一个 XML 文档：

```
<root>
    <table>
        <tr>
            <td>watch</td>
            <td>car</td>
        </tr>
    </table>
    <table>
        <width>80</width>
        <length>120</length>
    </table>
</root>
```

在上述 XML 文档中有两个 table 元素：第一个 table 元素表示一个表格，有两个单元格 watch 和 car；第二个 table 元素表示一个桌子，长为 120、宽为 80。两者同名，解析器如何区分它们呢？下面来详细进行讲述。

1. 前缀

可以想象这么一种场景，一个班里有两名同学的名字都叫"张三"，老师在点名时如何区分他们俩呢？一般情况是根据年龄大小分为"大张三"和"小张三"，也可以根据性别分为"男张三"和"女张三"。这里可以把"大""小""男""女"称为前缀。

在 XML 中可以使用前缀来区分同名元素。前缀的使用格式如下所示。

```
<前缀 : 元素名称>
```

使用前缀后，上述代码更改为以下内容。

```
<root>
    <h:table>
        <h:tr>
            <h:td>watch</h:td>
            <h:td>car</h:td>
        </h:tr>
    </h:table>
    <f:table>
        <f:width>80</f:width>
        <f:length>120</f:length>
    </f:table>
</root>
```

修改后的文档中，前缀 h 表明该元素为表格，而前缀 f 表明该元素为桌子。此时解析器可以轻易地区分两个同名元素。但是使用前缀是存在漏洞的，假设解析器需要同时解析由两个人写的 XML 文档，它们都在文档中使用了<h:table>元素，而两个人对 table 元素又需要进行不同的处理，此时解析器还是无法进行区分。

2. 命名空间

为解决上述问题，需要保证所使用的前缀在全球范围内是独一无二的。统一资源标识符(Uniform Resource Identifier，URI)是一个用于标识某一互联网名称的字符串。在互联网中，URI 具有唯一性。为此，XML 引入 URI 作为前缀，从而有效保证了所有 XML 文档不会发生命名冲突。

URI 的书写十分冗长，直接使用 URI 作为前缀明显过于麻烦，导致 XML 文档无法阅读，为此 XML 引入了命名空间的概念。所谓命名空间，就是给作为前缀的 URI 起一个别名，并在某一文档中使用别名来代替 URI，别名只在这一文档中有效。XML 中使用 xmlns(xml name space)属性来声明命名空间。命名空间一般在根元素中进行声明。使用命名空间后，前述 XML 文档变为以下内容。

```xml
<root xmlns:h="http://www.iotxfd.cn/xml/html"
    xmlns:f="http://www.iotxfd.cn/xml/furniture">
    <h:table>
        <h:tr>
            <h:td>watch</h:td>
            <h:td>car</h:td>
        </h:tr>
    </h:table>
    <f:table>
        <f:width>80</f:width>
        <f:length>120</f:length>
    </f:table>
</root>
```

上述 XML 文档声明了两个命名空间：第一个是 http://www.iotxfd.cn/xml/html，它本质上是一个网络的 URL 地址(URL 是 URI 的子集)，并给它起了一个别名 h，表示之后所有标为 h 前缀的元素都属于 http://www.iotxfd.cn/xml/html 命名空间；第二个命名空间为 http://www.iotxfd.cn/xml/furniture，它的别名为 f。

通过使用命名空间，解决了多文档命名冲突的问题，但这样的书写方式还是稍显麻烦。为了解决这个问题，XML 又引入了默认命名空间。将前述文档更改为以下内容。

```xml
<root xmlns="http://www.iotxfd.cn/xml/html"
    xmlns:f="http://www.iotxfd.cn/xml/furniture">
    <table>
        <tr>
            <td>watch<td>
            <td>car<td>
        <tr>
    <table>
    <f:table>
        <f:width>80</f:width>
        <f:length>120</f:length>
    </f:table>
</root>
```

xmlns="http://www.iotxfd.cn/xml/html"并没有指定别名，表示它是默认命名空间，或者说它是这篇文档所属的命名空间。文档中没有指定前缀的元素都属于此默认命名空间。<table>由于未指定前缀，因此它属于 http://www.iotxfd.cn/xml/html 命名空间。而<f:table>

则属于 http://www.iotxfd.cn/xml/furniture 命名空间。

注意：一个 XML 文档只能指定一个默认命名空间。命名空间一般指定为网页地址，但这并不代表着 XML 解析器会访问此网页，它仅是一个唯一性标记而已。

2.1.3 代码隐藏文件

新建一个名为 Demo 的.NET MAUI 应用程序，在【解决方案资源管理器】中双击打开 MainPage.xaml 文件(在默认情况下，新建一个 MAUI 项目就会打开此文件)。此文件使用 XAML 表示程序中主窗体的界面，其结构如下所示。

```xml
<?xml version="1.0" encoding="utf-8" ?>
<ContentPage xmlns="http://schemas.microsoft.com/dotnet/2021/maui"
             xmlns:x="http://schemas.microsoft.com/winfx/2009/xaml"
             x:Class="Demo.MainPage">
    ...
</ContentPage>
```

其中，<ContentPage>为根元素，在其开始标签内声明了默认命名空间。

```
http://schemas.microsoft.com/dotnet/2021/maui
```

别名为 x 的命名空间如下所示。

```
http://schemas.microsoft.com/winfx/2009/xaml
```

这两个命名空间可以理解为版本标识，表示在 MAUI 中作为界面文档的版本号。x:Class 属性为 x 命名空间的扩展属性，指定了本界面文件所对应的代码隐藏文件。

XAML 代码只能用于界面的构建，无法表示程序逻辑。程序的逻辑代码需要使用 C# 语言来表达。每一个 XAML 文件都会对应一个 C#代码文件。两者名称相同，XAML 文件的扩展名为.xaml，而其对应的代码隐藏文件的扩展名为.xaml.cs。在编译阶段，XAML 代码最终会转换为C#代码并与代码隐藏文件中的C#代码合并。打开【解决方案资源管理器】，可以看到项目中的 XAML 文件及其对应的代码隐藏文件，如图 2.1 所示。可通过 Visual Studio 菜单中的【视图】|【解决方案资源管理器】命令打开【解决方案资源管理器】。

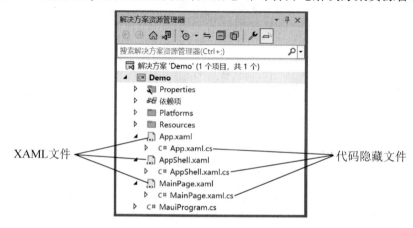

图 2.1　XAML 文件及其对应的代码隐藏文件

双击打开 MainPage.xaml 对应的代码隐藏文件 MainPage.xaml.cs，可以看到如下代码。

```
namespace Demo;

public partial class MainPage : ContentPage
{
    int count = 0;

    public MainPage()
    {
        InitializeComponent();
    }
    ...
}
```

此.cs 文件所属命名空间为 Demo，正好与项目名称相同，其后声明了一个派生自 ContentPage 类的 MainPage 类。在 MainPage.xaml 文件根元素中的 x:Class="Demo.MainPage" 正好指向代码隐藏文件中的类名，如图 2.2 所示。

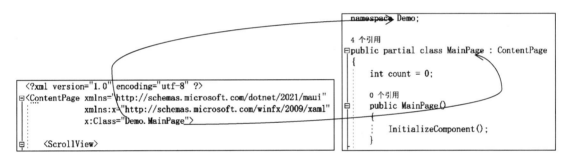

图 2.2　x:Class 属性指向代码隐藏文件中的类名

2.1.4　控件摆放

根元素 ContentPage 下只能包含一个子元素，一般情况下为控件。控件可以包含一个或多个子控件。例如，

```
<ScrollView>
        <VerticalStackLayout Spacing="25" Padding="30">
        ...
        </VerticalStackLayout>
</ScrollView>
```

其中，<ScrollView>为滚动条视图控件，在其内部摆放一个子控件，即超出窗体尺寸时会自动出现滚动条，以方便用户滚动窗体。<ScrollView>包含一个<VerticalStackLayout>元素，它为控件，控件起到一个容器的作用，包含在容器内的控件可以按某种特定的规律进行排列。<VerticalStackLayout>可让其内部控件依次按垂直方向自动排列。

2.2 控件的使用

每一个控件在.NET 中都是一个对象,而在使用这个对象的过程中通常要设置对象的属性并建立事件。

属性是对象所具有的一些可描述的特点,如尺寸、颜色等。

事件是对象对某些预定义的外部动作进行响应,如单击、双击等。

2.2.1 使用 XAML 创建控件

创建控件,一般在 XAML 文件中先放置一个布局控件,然后在布局控件内部放置所需控件。

MainPage.xaml 文件代码如下所示。

```xml
<?xml version="1.0" encoding="utf-8" ?>
<ContentPage xmlns="http://schemas.microsoft.com/dotnet/2021/maui"
        xmlns:x="http://schemas.microsoft.com/winfx/2009/xaml"
        x:Class="Demo.MainPage">
    <Grid>
        <Label Text="这是一个标签" TextColor="Yellow"
            HorizontalOptions="Center" FontSize="28"/>
    </Grid>
</ContentPage>
```

删除代码隐藏文件 MainPage.xaml.cs 中的部分代码变为以下内容。

```csharp
namespace Demo;

public partial class MainPage : ContentPage
{
    public MainPage()
    {
        InitializeComponent();
    }
}
```

上述 MainPage.xaml 文件中,<Grid>为布局控件,其内部的<Label>是一个标签控件,用于显示文字。<Label>的属性可在开始标签中编写,多个属性间使用空格或回车符分隔。

2.2.2 属性设置

1. 使用属性元素设置属性值

MainPage.xaml 更改为以下内容。

```xml
<?xml version="1.0" encoding="utf-8" ?>
<ContentPage xmlns="http://schemas.microsoft.com/dotnet/2021/maui"
        xmlns:x="http://schemas.microsoft.com/winfx/2009/xaml"
```

```
        x:Class="Demo.MainPage">
    <Grid>
        <Label Text="这是一个标签"
               HorizontalOptions="Center" FontSize="28">
            <Label.TextColor>Yellow</Label.TextColor>
        </Label>
    </Grid>
</ContentPage>
```

原本在开始标签设置的 TextColor="Yellow"属性变成<Label>元素内部的一个子元素<Label.TextColor>，它被称为属性元素，属性值放置在开始标签和结束标签之间。

这样编写属性值看上去非常麻烦，且没有必要，但当属性值没有办法使用一个字符串表示时，就需要使用这种方法。例如，

```
<Grid>
    <Grid.RowDefinitions>
        <RowDefinition Height="Auto" />
        <RowDefinition Height="*" />
        <RowDefinition Height="100" />
    </Grid.RowDefinitions>
    <Grid.ColumnDefinitions>
        <ColumnDefinition Width="Auto" />
        <ColumnDefinition Width="*" />
        <ColumnDefinition Width="100" />
    </Grid.ColumnDefinitions>
    ...
</Grid>
```

2. 使用 C#代码设置属性值

XAML 文件所设置的界面在程序被编译后便无法更改，如果在程序运行期间需要更改控件属性，则只能使用 C#代码实现，此时需要通过 x:Name 属性给控件命名，以方便在代码隐藏文件中调用。

MainPage.xaml 更改为以下内容。

```
<?xml version="1.0" encoding="utf-8" ?>
<ContentPage xmlns="http://schemas.microsoft.com/dotnet/2021/maui"
             xmlns:x="http://schemas.microsoft.com/winfx/2009/xaml"
             x:Class="Demo.MainPage">
    <Grid>
        <Label x:Name="lblMsg" Text="这是一个标签"
               HorizontalOptions="Center" FontSize="28">
        </Label>
    </Grid>
</ContentPage>
```

MainPage.xaml.cs 更改为以下内容。

```
namespace Demo;

public partial class MainPage : ContentPage
{
    public MainPage()
    {
        InitializeComponent();
        lblMsg.TextColor = Colors.Yellow;
    }
}
```

可见，在 XAML 文件中通过使用 x:Name 属性将控件命名为 lblMsg，这样，在代码隐藏文件中可以直接通过 lblMsg 调用该控件进行各类操作。

2.2.3 使用 C#代码创建控件

很多时候，程序界面需要根据实际情况动态生成，此时可以直接使用 C#代码创建控件。在 MainPage.xaml 中删除控件代码变为以下内容。

```
<?xml version="1.0" encoding="utf-8" ?>
<ContentPage xmlns="http://schemas.microsoft.com/dotnet/2021/maui"
        xmlns:x="http://schemas.microsoft.com/winfx/2009/xaml"
        x:Class="Demo.MainPage">

</ContentPage>
```

在代码隐藏文件 MainPage.xaml.cs 中动态创建控件。

```
1  namespace Demo;
2
3  public partial class MainPage : ContentPage
4  {
5      public MainPage()
6      {
7          InitializeComponent();
8          Grid grid=new Grid();
9          grid.Add(new Label
10         {
11             Text = "这是一个标签",
12             TextColor = Colors.Yellow,
13             HorizontalOptions = LayoutOptions.Center,
14             FontSize = 28
15         });
16         Content = grid;
17     }
18 }
```

需要注意的是,控件的创建使用了 C#高级语法,现阶段初学者还无法理解,这里只是简单演示,读者只要记住控件的多个属性间使用逗号分隔,根元素需赋值给 Content 属性即可。

2.3 常用控件

下面介绍在 UI 设计中使用频率较高的 3 种控件。

(1) 标签(Label)控件是最简单的控件。一般来说,应用程序在窗体中显示静态文本时使用标签控件。在运行状态,标签控件中的文本为只读文本,用户不能进行编辑。因此,它通常有注释的功能。其他控件如 TextBox 可以用标签控件来显示提示信息。

(2) 按钮(Button)控件允许用户通过单击来执行操作。每当用户单击按钮时,会自动调用 Click 事件处理程序。

(3) 文本框(Entry 和 Editor)控件又称为编辑框,是最常用的输入/输出文本数据的控件。用户可以使用这两个控件编辑和显示文本。Entry 和 Editor 的区别是:Entry 只能显示一行字符串,而 Editor 可以显示多行字符串。

某些属性是大部分控件所共有的,下面先来介绍这些常见的通用属性。

2.3.1 常见的通用属性

1. 名称(x:Name)

该属性用来标识一个控件,以便在程序代码中通过这个名称来使用控件。

2. 标题(Text)

Text 属性用来设置控件显示的内容。通过更改它的值,可以使控件显示不同的文字内容。

3. 高度(HeightRequest)和宽度(WidthRequest)

这两个属性用于指定控件的大小。MAUI 是一个跨平台开发工具,而不同平台间又有各自不同的度量单位。MAUI 将各设备和平台的单位进行了规范,并使用独立于平台的度量单位,即每英寸(1 英寸≈2.54 厘米)160 个单位或每厘米 64 个单位。例如,以下代码创建了一个高度为 1 厘米、宽度为 2 厘米的按钮:

```
<Button HeightRequest="64" WidthRequest="128"/>
```

早期的 Window 窗体编程倾向于使用固定像素来决定控件大小。随着技术的进步,显示设备的像素点越做越小,分辨率越来越高,导致在不同显示设备显示固定像素控件时,视觉上的感受天差地别。在设计 UI 时,应当尽量通过不同的布局控制控件的大小,从而最大限度地适应不同的显示设备。

上述代码中之所以没有直接使用 Height 和 Width 来命名高度和宽度属性,而是在其后加上 Request(请求的意思),表明它只是一个请求属性,实际得到的值有可能不一致。例如,将 HeightRequest 设置为 150,但如果布局仅允许 100 单元的空间,则该控件所呈现的高度仅为 100。呈现的大小受可用空间和包含的组件的影响。

4. 背景色(BackgroundColor)和文字颜色(TextColor)

BackgroundColor 用来设置控件的背景颜色(除文字以外的显示区域颜色)，TextColor 则用于设置文字颜色。例如，下述代码创建了一个橙色按钮，其文字颜色为绿色。

```
<Button Text="按钮" BackgroundColor="Orange" TextColor="Green"/>
```

对应的 C#代码为以下内容。

```
grid.Add(new Button
{
    Text="按钮",
    BackgroundColor=Colors.Orange,
    TextColor=Colors.Green
});
```

还可以直接使用颜色的十六进制编码(RGB 值)来指定颜色，此时需要在编码值前面加上"#"。例如，上面的代码可更改如下，其显示效果不变。

```
<Button Text="按钮" BackgroundColor="#FFA500" TextColor="#0F8200"/>
```

对应的 C#代码如下所示。

```
grid.Add(new Button
{
    Text = "按钮",
    BackgroundColor = Color.FromRgb(0xFF, 0xA5, 0x00),
    TextColor = Color.FromRgb(0x0F,0x82,0x00)
}) ;
```

5. 外边距(Margin)和内边距(Padding)

可以在内部容纳其他控件的控件被称为容器。Margin 属性表示一个控件边框到其父控件(容器控件)边框的距离。Padding 属性表示容器控件边框到其子控件边框的距离。

```
<ContentPage ··· >
    <Grid BackgroundColor="SlateBlue" Margin="50" Padding="30">
        <Button Text="按钮" BackgroundColor="#FFA500" TextColor="#0F8200"/>
    </Grid>
</ContentPage>
```

其中，窗体包含 Grid，Grid 包含按钮。Grid 的 Margin 属性是针对其父控件窗体而言，Padding 属性则是针对其子控件按钮而言，如图 2.3 所示。

思考：在上述代码中，按钮的大小实际上是由窗体大小决定的。在图 2.3 中，假设窗体的尺寸为 400×250，请问按钮尺寸为多少？

Margin 和 Padding 属性也可以单独指定 4 个方向的边距。

```
<Grid BackgroundColor="SlateBlue" Margin="50,10,30,20" Padding="10,30,20,10">
```

```
<Button Text="按钮" BackgroundColor="#FFA500" TextColor="#0F8200"/>
</Grid>
```

Margin 和 Padding 属性内的 4 个数字使用逗号分隔，分别表示左、上、右、下 4 个方向的边距。

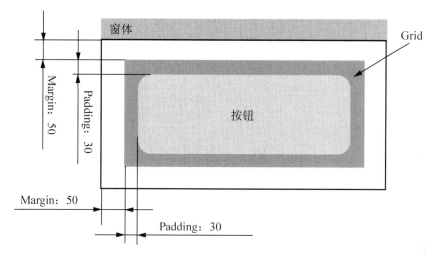

图 2.3 Margin 属性和 Padding 属性

6. 水平对齐(HorizontalTextAlignment)和垂直对齐(VerticalTextAlignment)

这两个属性用于设定控件所显示文本的对齐方式。HorizontalTextAlignment 属性表示水平方向的对齐方式，VerticalTextAlignment 属性表示垂直方向的对齐方式。共有 3 个可选项：

- Center：表示居中。
- End：表示右对齐或下对齐。
- Start：表示左对齐或上对齐。

7. 字体名称(FontFamily)、字体大小(FontSize)和字体属性(FontAttributes)

FontFamily 属性表示字体名称；FontSize 属性表示字体大小；FontAttributes 属性表示字体属性，其中，Bold 表示加粗、Italic 表示斜体、None 表示正常字体。

```
<Label Text="这是一个标签" FontFamily="楷体" FontSize="25"
    FontAttributes="Bold" BackgroundColor="Orange"
    HorizontalTextAlignment="Center" VerticalTextAlignment="Center"/>
```

2.3.2 事件

所谓事件，是指当控件和组件中产生某些特定行为时，会去执行程序开发者事先编写好的特定代码(事件处理程序)。例如，当用户在使用程序的过程中，单击了按钮，这时会触发按钮的 Click 事件，并导致调用 Click 事件处理程序(事件方法)。事件方法内的代码由开发者自行编写。要将控件与事件方法相关联，需执行以下操作。

(1) 在 XAML 文件中，给控件的事件属性绑定一个方法名称。

```
<Button x:Name="btn" Clicked="btn_Clicked"/>
```

上述代码将按钮的单击事件 Clicked 与 btn_Clicked 事件方法进行关联。XAML 文件中无法编写逻辑代码，此事件方法需要在代码隐藏文件中实现。

(2) 在代码隐藏文件中实现 btn_Clicked 事件方法时需要注意，不同类型的事件方法有不同的固定格式，很难全部记下来，最好让系统自动生成事件方法，即在输入"Clicked="后，Visual Studio 会提示"<新建事件处理程序>"，选中它即可在代码隐藏文件中自动生成该事件方法，如图 2.4 所示。

图 2.4　自动生成事件方法

2.3.3　标签和按钮示例

视频 2.1：标签和按钮示例

视频介绍了 PropertyControl 项目的大部分编写过程。建议初学者观看视频学习，视频中未完成部分尝试自行完成，无法完成再参考书中代码。另外，本视频还介绍了如何变更界面的主题，以及如何去除窗体顶部的标题栏。

(1) 新建一个名为 PropertyControl 的 MAUI 项目。

(2) MainPage.xaml 文件中的代码。

```
<?xml version="1.0" encoding="utf-8" ?>
<ContentPage xmlns="http://schemas.microsoft.com/dotnet/2021/maui"
        xmlns:x="http://schemas.microsoft.com/winfx/2009/xaml"
        x:Class="PropertyControl.MainPage">

    <Grid RowDefinitions="1*,2*">
      <Grid Grid.Row="0">
        <Label x:Name="lblLogo" Text="单击按钮观察我的改变"
             VerticalOptions="Center" HorizontalOptions="Center"
             FontSize="Medium"/>
      </Grid>
      <Grid Grid.Row="1" RowDefinitions="1*,1*" ColumnDefinitions=
             "0.6*,1*,1*,1*"
           Padding="20" RowSpacing="20" ColumnSpacing="20">
        <Label Text="更改前景色" VerticalOptions="Center"/>
        <Label Text="更改背景色" Grid.Row="1" VerticalOptions="Center"/>
        <Button x:Name="btnRed" Text="红色" Grid.Column="1"
             Clicked="btnRed_Clicked"/>
        <Button x:Name="btnYellow" Text="黄色" Grid.Column="2"
             Clicked="btnYellow_Clicked"/>
        <Button x:Name="btnBlue" Text="蓝色" Grid.Column="3"
```

```
                    Clicked="btnBlue_Clicked"/>
            <Button x:Name="btnWhite" Text="白色" Grid.Row="1" Grid.Column="1"
                    Clicked="btnWhite_Clicked"/>
            <Button x:Name="btnGreen" Text="绿色" Grid.Row="1" Grid.Column="2"
                    Clicked="btnGreen_Clicked"/>
            <Button x:Name="btnBlack" Text="黑色" Grid.Row="1" Grid.Column="3"
                    Clicked="btnBlack_Clicked"/>
        </Grid>
    </Grid>
</ContentPage>
```

注意：必须保持良好的控件命名习惯。控件命名使用驼峰命名法，首先书写控件名称简写，后面是描述控件动作或功能的英文单词，英文单词可以是一个也可以是多个。对控件的命名应该做到见名知意。这样命名主要是为了方便代码的交流和维护；不影响编码的效率，不与大众习惯冲突；使代码更美观、阅读更方便；使代码的逻辑更清晰、更易于理解。

PropertyControl 项目的界面效果如图 2.5 所示。

图 2.5　PropertyControl 项目的界面效果

(3) MainPage.xaml.cs 代码隐藏文件中的代码。

```
1   namespace PropertyControl;
2
3   public partial class MainPage : ContentPage
4   {
5       public MainPage()
6       {
7           InitializeComponent();
8       }
9
10      private void btnRed_Clicked(object sender, EventArgs e)
11      {   //将文字颜色变为红色
12          lblLogo.TextColor = Colors.Red;
13      }
14
15      private void btnYellow_Clicked(object sender, EventArgs e)
16      {   //将文字颜色变为黄色
```

```
17        lblLogo.TextColor = Colors.Yellow;
18    }
19
20    private void btnBlue_Clicked(object sender, EventArgs e)
21    {   //将文字颜色变为蓝色
22        lblLogo.TextColor = Colors.Blue;
23    }
24
25    private void btnWhite_Clicked(object sender, EventArgs e)
26    {   //将标签背景色变为白色
27        lblLogo.BackgroundColor = Colors.White;
28    }
29
30    private void btnGreen_Clicked(object sender, EventArgs e)
31    {   //将标签背景色变为绿色
32        lblLogo.BackgroundColor = Colors.Green;
33    }
34
35    private void btnBlack_Clicked(object sender, EventArgs e)
36    {   //将标签背景色变为黑色
37        lblLogo.BackgroundColor = Colors.Black;
38    }
39 }
```

(4) 运行结果。运行程序，单击设置前景色的【红色】、【黄色】和【蓝色】按钮，观察 lblLogo 前景色的变化；单击设置背景色的【白色】、【绿色】和【黑色】按钮，观察 lblLogo 的背景色的变化。

2.3.4 文本框常用属性

文本框 Entry 控件有如下常用属性。

1. MaxLength

Maxlength 属性用于设定文本框中最多可容纳的字符数。将其设置为 0 时，表示可容纳任意多个输入字符，最大值为 32767。若将其设置为正整数值，则这一数值就是可容纳的最多字符数。

注意：在输入中文时要注意一个汉字也是作为一个字符处理的，这和以前每个汉字作为两个字符处理是不同的，在使用中要特别注意。

2. IsPassword

IsPassword 属性用于设定文本框是否用于输入口令类文本。对于设置输入口令的对话框，这一属性非常有用。当把这一属性设定为 true 时，运行程序时用户输入的文本只会显示为星号(*)字符，但系统接收的却是用户输入的文本，并且不允许使用键盘在控件中执行剪切和复制操作。

3. IsReadOnly

IsReadOnly 属性用于设定程序运行时能否对文本框中的文本进行编辑。这是一个布尔型的属性；当把这一属性设定为 true 时，表示运行程序时不能编辑其中的文本；当设定为 false 时则相反，这是系统的默认设置。

4. Placeholder

Placeholder 属性值为字符串类型，表示当文本框内容为空时所显示的文本，一般用作显示提示性文字。

5. ClearButtonVisibility

该属性用于在文本框中编辑文字时，是否在其右边显示一个清除按钮"×"，以方便用户清除文本框中的内容。此属性一般在手机应用中使用得较多。其值设置为 WhileEditing 时表示显示清除按钮。

2.3.5 文本框示例

视频 2.2：文本框示例

视频讲解了 Editor 项目的完整编写过程，并介绍了【开始执行】与【开始执行(不调试)】两种执行方式之间的区别。

(1) 新建一个名为 Editor 的 MAUI 项目。

(2) MainPage.xaml 中的代码。

```xml
<?xml version="1.0" encoding="utf-8" ?>
<ContentPage xmlns="http://schemas.microsoft.com/dotnet/2021/maui"
        xmlns:x="http://schemas.microsoft.com/winfx/2009/xaml"
        x:Class="Editor.MainPage"
        BackgroundColor="#2E2E2E">

    <VerticalStackLayout Margin="15" Spacing="10">
        <Editor x:Name="edtWelcome" HeightRequest="150" FontSize= "Medium"/>
        <Entry x:Name="entryUser" Placeholder="请输入用户名"
            ClearButtonVisibility="WhileEditing"/>
        <Entry x:Name="entryPassword" IsPassword="true"
            Placeholder="请输入密码" MaxLength="15"
            ClearButtonVisibility="WhileEditing"/>
        <Button x:Name="btnLogin" Text="登录"
            HeightRequest="46" WidthRequest="150"
            Clicked="btnLogin_Clicked"/>
    </VerticalStackLayout>
</ContentPage>
```

Editor 项目的界面效果如图 2.6 所示。

(3) MainPage.xaml.cs 代码隐藏文件中的代码。

```
1  namespace Editor;
2
```

```
3   public partial class MainPage : ContentPage
4   {
5       public MainPage()
6       {
7           InitializeComponent();
8       }
9
10      private void btnLogin_Clicked(object sender, EventArgs e)
11      {
12          edtWelcome.Text = "欢迎" + entryUser.Text +
13              ",您的登录密码是:" + entryPassword.Text;
14      }
15  }
```

图 2.6 Editor 项目的界面效果

(4) 运行结果。运行程序,在 Entry 控件内输入用户名和密码,单击【登录】按钮,最终在 Editor 控件中显示欢迎信息。

2.4 窗体的大小和位置

在 Windows 窗体应用程序和 WPF 中,可以轻易地调整窗体的大小和位置。但 MAUI 还处于初级版本,它对于 Windows 操作系统的支持还不够完善,暂时还无法通过 XAML 代码去设置窗体的大小和位置。但在 MAUI 正式版发布之后,MAUI 已支持通过 C#代码的方式较为方便地设置这些属性。

视频 2.3:更改窗体大小和位置

本视频包含以下内容:
(1) 更改窗体尺寸。
(2) 更改窗体启动时的位置。
(3) 设置窗体最小尺寸。
(4) 设置窗体最大尺寸。
(5) 将窗体设置为固定尺寸,不可变大变小。

本视频代码(App.xaml.cs)如下。

```
1  protected override Window CreateWindow(IActivationState activationState)
2  {
3      var window = base.CreateWindow(activationState);
4      window.X = 10;                      //设置窗体左上角 X 轴坐标
5      window.Y = 10;                      //设置窗体左上角 Y 轴坐标
6      window.Width = 430;                 //设置窗体宽度
7      window.Height = 600;                //设置窗体高度
8      window.MinimumHeight = 430;         //设置窗体最小宽度
9      window.MinimumHeight = 600;         //设置窗体最小高度
10     window.MaximumWidth = 430;          //设置窗体最大宽度
11     window.MaximumHeight= 600;          //设置窗体最大高度
12     return window;
13 }
```

实 训 指 导

1. 实训目的

(1) 学习 Slider 控件的基本使用方法。
(2) 进一步掌握 Button 控件和 Label 控件的使用方法。
(3) 初步掌握使用 C#代码动态更改控件属性的方法。
(4) 深入理解 Margin、Padding 及 Button 的 CornerRadius 属性。
(5) 初步掌握 Grid 控件的布局方式。

2. 实训内容

控件属性的动态更改。

3. 实训步骤

视频 2.4：控件属性的动态更改

视频详细介绍了本实训项目的完整实现过程，并在视频的最后布置了一道思考题，读者务必观看视频学习，并完成思考题。

(1) 新建一个 MAUI 应用程序，并将项目命名为 ChangeAttribute。
(2) MainPage.xaml 中的 UI 代码。

```
<Grid x:Name="grid" BackgroundColor="Orange" Margin="10"
    Padding="10" ColumnSpacing="10"
    RowDefinitions="*,40,40,40" ColumnDefinitions="100,*">
    <Button x:Name="btnSample" Text="示例按钮" Grid.ColumnSpan="2"/>
    <Label x:Name="lblMargin" Text="Margin: 10" Grid.Row="1"
        VerticalOptions="Center" HorizontalOptions="End"/>
    <Slider x:Name="sliderMargin" Grid.Row="1" Grid.Column="1" Value="10"
        Maximum="100" VerticalOptions="Center" Margin="10,0,20,0"
        ValueChanged="sliderMargin_ValueChanged"/>
```

```xml
<Label x:Name="lblPadding" Text="Padding:10" Grid.Row="2"
    VerticalOptions="Center" HorizontalOptions="Center"/>
<Slider x:Name="slidePadding" Grid.Row="2" Grid.Column="1" Value="10"
    Maximum="100" VerticalOptions="Center" Margin="10,0,20,0"
    ValueChanged="slidePadding_ValueChanged"/>
<Label x:Name="lblRadius" Text="Radius: 0" Grid.Row="3"
    VerticalOptions="Center" HorizontalOptions="End"/>
<Slider x:Name="sliderRadius" Grid.Row="3" Grid.Column="1" Maximum="100"
    VerticalOptions="Center" Margin="10,0,20,0"
    ValueChanged="sliderRadius_ValueChanged"/>
</Grid>
```

(3) MainPage.xaml.cs 中的程序代码。

```csharp
int count = 0;

public MainPage()
{
    InitializeComponent();
}

private void sliderMargin_ValueChanged(object sender, ValueChangedEventArgs e)
{
    grid.Margin = new Thickness(sliderMargin.Value);
    lblMargin.Text = $"Margin: {(int)sliderMargin.Value}";
}

private void sliderPadding_ValueChanged(object sender, ValueChangedEventArgs e)
{
    grid.Padding = new Thickness(sliderPadding.Value);
    lblPadding.Text = $"Padding: {(int)sliderPadding.Value}";
}

private void sliderRadius_ValueChanged(object sender, ValueChangedEventArgs e)
{
    btnSample.CornerRadius = (int)sliderRadius.Value;
    lblRadius.Text = $"Radius: {(int)sliderRadius.Value}";
}
```

(4) 运行结果。运行程序，调整各个 Slider 上的数值，查看效果。控件属性的动态更改运行效果如图 2.7 所示。

图 2.7 控件属性的动态更改运行效果

本 章 小 结

本章主要介绍了 MAUI 中的 UI 设计语言 XAML，以及常用控件 Label、Button、Entry 的使用方法，并通过示例讲解了常用标准控件的编程方法。本章部分内容使用到了下一章的知识点，可作为下一章学习的热身。掌握并灵活运用本章所学内容至关重要。后续章节将进一步介绍控件的编程方法。

习 题

1. 判断题

(1) .NET 中的组件是可视的，而控件是不可视的。 （ ）
(2) 一个 XML 文档只能指定一个默认命名空间。 （ ）
(3) XAML 代码既能用于界面的构建，也能用于表示程序逻辑。 （ ）
(4) 在 MAUI 中，控件只能通过 XAML 来创建，无法使用 C#代码创建。 （ ）
(5) x:Name 属性用来标识一个控件，以便在编程中通过这个名称来使用控件。（ ）
(6) HorizontalTextAlignment 属性用于设置垂直方向的对齐方式。 （ ）
(7) 给控件命名时必须保持良好的习惯，控件命名使用驼峰命名法。 （ ）
(8) 在 MAUI 中指定控件的大小，需要设置 Height 和 Width 属性 。 （ ）

2. 选择题

(1) 在 XML 语言中，以下正确的开始标签和结束标签为(　　)。
　　A. \<root\> \<root\\>　　B. \<root\> \</root\>　　C. \<root\> \<\root\>　　D. \<root\> \<root/\>
(2) 以下(　　)是默认命名空间。
　　A. xmlns:default="http://www.iotxfd.cn/xml/furniture"
　　B. xmln="http://www.iotxfd.cn/xml/html"
　　C. xmlns:f="http://www.iotxfd.cn/xml/furniture"
　　D. xmlns="http://www.iotxfd.cn/xml/html"
(3) 以下描述正确的是 (　　)。
　　A. 一个 XML 文档中可以包含多个根元素
　　B. XML 中的多个元素可以相互嵌套
　　C. 在 MAUI 的 UI 文件中，根元素 ContentPage 下只能包含一个元素
　　D. 在 XML 文档中使用命名空间，主要是为了文件阅读者记忆标签名称
(4) 文本框(Entry 和 Editor)控件又称为编辑框，Entry 和 Editor 控件的区别是(　　)。
　　A. Entry 用于输入，而 Editor 用于输出
　　B. Entry 可以调整大小，而 Editor 则不可以
　　C. Entry 有 Text 属性，而 Editor 没有
　　D. Entry 只能显示一行字符串，而 Editor 可以显示多行字符串

(5) 设置文本框的( )属性用于输入口令类的文本。
   A. Placeholder　　B. IsReadOnly　　C. Text　　　　D. IsPassword
(6) Margin 和 Padding 属性内的 4 个数字使用逗号分隔，分别表示( )4 个方向的边距。
   A. 左、上、右、下　　　　　　B. 上、下、左、右
   C. 上、下、右、左　　　　　　D. 左、右、上、下
(7) 标签(Label)控件用于( )。
   A. 编辑文字　　　　　　　　　B. 在用户单击时处理程序
   C. 显示静态文本　　　　　　　D. 显示进度
(8) 以下用于指定字体大小的是( )属性。
   A. FontFamily　　B. FontSize　　C. FontAttributes　　D. Font

3. 填空题

(1) URI 的中文全称为_____。
(2) 在 MAUI 的 UI 文件中，根元素的名称为_____。
(3) XAML 中使用_____属性来设置控件名称。
(4) 设置控件的宽度使用_____属性，设置控件的高度使用_____属性。
(5) Button 控件最常用的事件是_____。
(6) 用户可以使用_____控件编辑和显示文本。
(7) Margin 属性控制控件的_____边距，Padding 属性控制控件的_____边距。
(8) 控件的命名应使用_____命名法。

4. 简答题

(1) 简述生成控件的操作过程。
(2) 简述事件的作用。

5. 编程题

(1) 设计一个应用程序，通过单击按钮改变标签显示内容的颜色为"紫色"和"深蓝"，背景颜色为"粉红"和"橙色"。

(2) 设计一个应用程序，在文本框中输入一行文字，并通过单击按钮将用户输入的文字显示在标签中。

(3) 编写一个程序：将一个人的姓名、电话、通信地址作为输入项，单击【提交】按钮在文本框显示这个人的联系信息(多行显示)。

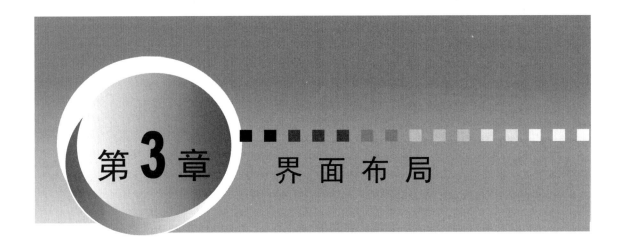

第 3 章 界面布局

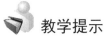 教学提示

早期的 Windows 开发人员使用刻板的、基于坐标的布局将控件放到目标位置，随着显示器分辨率逐渐提高及多元化，这种布局方式已经极少使用。开发人员应当可以创建与显示器的分辨率和窗口的大小无关的、在不同的显示器上都能正确缩放的用户界面；当窗口内容发生变化时，界面可调整自身，并且可以自如地处理分辨率的切换。

 教学要求

知 识 要 点	能 力 要 求	相 关 知 识
布局控件	(1) 掌握 Grid 控件的使用方法 (2) 掌握 HorizontalStackLayout 控件的使用方法 (3) 掌握 VerticalStackLayout 控件的使用方法 (4) 掌握 AbsoluteLayout 控件的使用方法 (5) 掌握 FlexLayout 控件的使用方法 (6) 掌握混合使用多种布局控件实现复杂布局的方法	(1) 布局控件属性的使用方法 (2) 布局的嵌套

本章主要介绍 Grid、HorizontalStackLayout、VerticalStackLayout、AbsoluteLayout、FlexLayout 几个常用的布局控件。

3.1 Grid

视频 3.1：界面布局 - Grid

视频详细讲解了 Grid 的使用方法，还讲解了布局的嵌套，请观看视频进行学习。

Grid 可以将其子控件按行和列进行组织，是 MAUI 中最常使用的布局控件。Grid 的常见属性包括以下内容。

- RowDefinitions 和 ColumnDefinitions，指定 Grid 所包含的行和列的数量及长度或宽度。
- RowSpan 和 ColumnSpan，指定控件在其父控件中跨越的行数或列数。
- RowSpacing 和 ColumnSpacing，指定行或列的间距。

【例 3-1】 创建一个三行两列的布局。

(1) 示例代码。

```
<Grid RowSpacing="5" ColumnSpacing="5">
    <Grid.RowDefinitions>
        <RowDefinition/>
        <RowDefinition/>
        <RowDefinition/>
    </Grid.RowDefinitions>
    <Grid.ColumnDefinitions>
        <ColumnDefinition/>
        <ColumnDefinition/>
    </Grid.ColumnDefinitions>
    <BoxView/>
    <BoxView Grid.Column="1"/>
    <BoxView Grid.Row="1" Grid.Column="0"/>
    <BoxView Grid.Row="1" Grid.Column="1"/>
    <BoxView Grid.Row="2" Grid.Column="0"/>
    <BoxView Grid.Row="2" Grid.Column="1"/>
</Grid>
```

(2) 运行结果。三行两列的布局效果如图 3.1 所示。

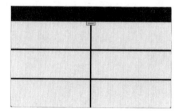

图 3.1 三行两列的布局效果

(3) 代码分析。

① <Grid.RowDefinitions>表示将要定义行；其内部的每一个<RowDefinition/>表示定义了一个新行，可以在此处通过 Height 属性指定行高，如<RowDefinition Height="50"/>指定了此行的行高为 50。列的定义与行类似。

② Grid.Row 指定控件所在行，Grid.Column 指定控件所在列，它俩的默认值为 0。如上述代码<BoxView/>中未指定行和列，表示它在第 0 行第 0 列。

行、列的定义可简写为以下代码。

```
<Grid RowDefinitions="*,*,*" ColumnDefinitions="*,*"
    RowSpacing="5" ColumnSpacing="5">
    <BoxView/>
    <BoxView Grid.Column="1"/>
    <BoxView Grid.Row="1" Grid.Column="0"/>
    <BoxView Grid.Row="1" Grid.Column="1"/>
    <BoxView Grid.Row="2" Grid.Column="0"/>
    <BoxView Grid.Row="2" Grid.Column="1"/>
</Grid>
```

其中，星号(*)表示剩余行高或列宽按比例分配。

```
<Grid RowDefinitions="1*,2*,3*" ColumnDefinitions="*,*">
```

表示第 1 行占总行高的 1/6，第 2 行占总行高的 2/6，第 3 行占总行高的 3/6。

【例 3-2】 控件的跨行或跨列占用。

(1) 示例代码。

```
<Grid RowDefinitions="*,*,*,*" ColumnDefinitions="*,*,*"
    RowSpacing="5" ColumnSpacing="5">
    <BoxView/>
    <BoxView Grid.Column="1"/>
    <BoxView Grid.Column="2"/>
    <BoxView Grid.Row="1" Grid.Column="0"/>
    <BoxView Grid.Row="1" Grid.Column="1"
        Grid.RowSpan="2" Grid.ColumnSpan="2"/>
    <BoxView Grid.Row="2" Grid.Column="0"/>
    <BoxView Grid.Row="3" Grid.Column="0"/>
    <BoxView Grid.Row="3" Grid.Column="1"/>
    <BoxView Grid.Row="3" Grid.Column="2"/>
</Grid>
```

(2) 运行结果。控件的跨行和跨列占用效果如图 3.2 所示。

(3) 代码分析。Grid.RowSpan="2"表示控件占用两行，Grid.ColumnSpan="2"表示控件占用两列。

课堂练习 1：请使用 Grid 布局控件实现图 3.3 所示的 3 种布局。

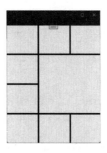

图 3.2 控件的跨行和跨列占用效果

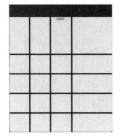 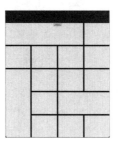 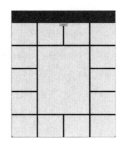

图 3.3 课堂练习 1

3.2 HorizontalStackLayout

视频 3.2：界面布局 - HorizontalStackLayout

视频 3.2 除了讲解 HorizontalStackLayout 的使用方法外，还通过一个示例讲解了如何使用 C#代码向 HorizontalStackLayout 内部添加子控件，请务必观看学习。

MAUI 中存在一个早期 WPF 中曾经使用的堆栈布局(StackLayout)，它可以在水平和垂直两个方向组织子控件。之后，MAUI 推出水平堆栈布局(HorizontalStackLayout)在水平方向上组织子控件，VerticalStackLayout 在垂直方向上组织子控件，这两个布局控件相对于 StackLayout 来说执行速度更快。本章不再介绍 StackLayout。

HorizontalStackLayout 将其子控件按水平方向依次摆放。一般情况下，Grid 中每个子控件的尺寸都由 Grid 单元格的高度和宽度决定，而 HorizontalStackLayout 则会保留其子控件的原始尺寸。其常用属性包括以下内容。

(1) Spacing，指定行间距。
(2) VerticalOptions，指定子控件在垂直方向上的布局方式。

【例 3-3】 在一行中堆叠 4 个标签。
(1) 示例代码。

```
<HorizontalStackLayout Spacing="10" HeightRequest="200">
    <Label Text="First" BackgroundColor="Red"/>
    <Label Text="Second" BackgroundColor="Orange"/>
```

```
    <Label Text="Third" BackgroundColor="Blue"/>
    <Label Text="Fouth" BackgroundColor="Green"/>
</HorizontalStackLayout>
```

(2) 运行结果。一行中堆叠 4 个标签的效果如图 3.4 所示。

(3) 代码分析。4 个标签的宽度由文字所占长度决定，高度是纵向填充整个 HorizontalStackLayout。

【例 3-4】 通过 VerticalOptions 属性决定控件的纵向填充方式。

(1) 修改【例 3-3】的代码为以下内容。

```
<HorizontalStackLayout Spacing="10" HeightRequest="200">
    <Label Text="Start" BackgroundColor="Red" VerticalOptions="Start"/>
    <Label Text="Center" BackgroundColor="Orange" VerticalOptions="Center"/>
    <Label Text="End" BackgroundColor="Blue" VerticalOptions="End"/>
    <Label Text="Fill" BackgroundColor="Green" VerticalOptions="Fill"/>
</HorizontalStackLayout>
```

(2) 运行结果。通过 VerticalOptions 属性决定控件的纵向填充方式的效果如图 3.5 所示。

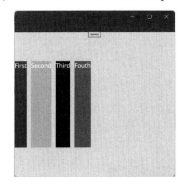
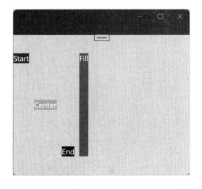

图 3.4　一行中堆叠 4 个标签的效果　　图 3.5　通过 VerticalOptions 属性决定控件的纵向填充方式的效果

可以观察到，如果不设置子控件的 VerticalOptions 属性，则其默认排列方式为 Fill。

3.3　VerticalStackLayout

视频 3.3：界面布局 - VerticalStackLayout

视频讲解了 VerticalStackLayout 的使用方法。

VerticalStackLayout 与 HorizontalStackLayout 类似，只是其在垂直方向排列子控件。其常用属性包括以下内容。

(1) Spacing，指定列间距。

(2) HorizontalOptions，指定子控件在水平方向上的布局方式。

【例 3-5】 堆叠 2 个标签和 6 个不同颜色的方块。

(1) 示例代码。

```
<VerticalStackLayout Margin="20" Spacing="5">
    <Label Text="Primary colors" BackgroundColor="Gray"/>
    <Rectangle Fill="Red"
               HeightRequest="30"
               WidthRequest="300" />
    <Rectangle Fill="Yellow"
               HeightRequest="30"
               WidthRequest="300" />
    <Rectangle Fill="Blue"
               HeightRequest="30"
               WidthRequest="300" />
    <Label Text="Secondary colors" BackgroundColor="Gray"/>
    <Rectangle Fill="Green"
               HeightRequest="30"
               WidthRequest="300" />
    <Rectangle Fill="Orange"
               HeightRequest="30"
               WidthRequest="300" />
    <Rectangle Fill="Purple"
               HeightRequest="30"
               WidthRequest="300" />
</VerticalStackLayout>
```

(2) 运行结果。堆叠效果如图 3.6 所示。

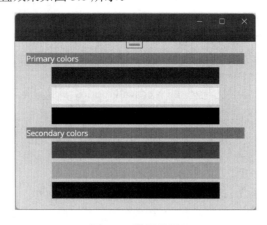

图 3.6 堆叠效果

(3) 代码分析。如未指定水平填充方式，且其子控件未指定宽度时，将填充整个 VerticalStackLayout 宽度；若指定了宽度，则 VerticalStackLayout 在水平方向居中。

【例 3-6】 通过 HorizontalOptions 属性决定控件的横向填充方式。

(1) 示例代码。

```
<VerticalStackLayout Margin="20"
```

```
            Spacing="6">
    <Label Text="Start"
           BackgroundColor="Gray"
           HorizontalOptions="Start" />
    <Label Text="Center"
           BackgroundColor="Gray"
           HorizontalOptions="Center" />
    <Label Text="End"
           BackgroundColor="Gray"
           HorizontalOptions="End" />
    <Label Text="Fill"
           BackgroundColor="Gray"
           HorizontalOptions="Fill" />
</VerticalStackLayout>
```

(2) 运行结果。通过 HorizontalOptions 属性决定控件的横向填充方式的效果如图 3.7 所示。

课堂练习 2：请使用 VerticalStackLayout 控件实现图 3.8 所示的布局。

图 3.7 通过 HorizontalOptions
属性决定控件的横向填充方式的效果

图 3.8 课堂练习 2

【例 3-7】 通过不同布局控件间的嵌套实现复杂布局。

(1) 示例代码。

```
<VerticalStackLayout Margin="20" Spacing="6">
    <Label Text="Primary Colors" BackgroundColor="Silver"/>
    <Frame BorderColor="Silver" Padding="5">
        <HorizontalStackLayout Spacing="15">
            <Rectangle Fill="Red" HeightRequest="30"
                WidthRequest="30" HorizontalOptions="Start"/>
            <Label Text="Red" VerticalOptions="Center"/>
        </HorizontalStackLayout>
    </Frame>
    <Frame BorderColor="Silver" Padding="5">
        <HorizontalStackLayout Spacing="15">
```

```xml
        <Rectangle Fill="Yellow" HeightRequest="30"
            WidthRequest="30" HorizontalOptions="Start"/>
        <Label Text="Yellow" VerticalOptions="Center"/>
    </HorizontalStackLayout>
</Frame>
<Frame BorderColor="Silver" Padding="5">
    <HorizontalStackLayout Spacing="15">
        <Rectangle Fill="Blue" HeightRequest="30"
            WidthRequest="30" HorizontalOptions="Start"/>
        <Label Text="Blue" VerticalOptions="Center"/>
    </HorizontalStackLayout>
</Frame>
<Label Text="Secondary Colors" BackgroundColor="Silver"/>
<Frame BorderColor="Silver" Padding="5">
    <HorizontalStackLayout Spacing="15">
        <Rectangle Fill="Green" HeightRequest="30"
            WidthRequest="30" HorizontalOptions="Start"/>
        <Label Text="Green" VerticalOptions="Center"/>
    </HorizontalStackLayout>
</Frame>
<Frame BorderColor="Silver" Padding="5">
    <HorizontalStackLayout Spacing="15">
        <Rectangle Fill="Orange" HeightRequest="30"
            WidthRequest="30" HorizontalOptions="Start"/>
        <Label Text="Orange" VerticalOptions="Center"/>
    </HorizontalStackLayout>
</Frame>
<Frame BorderColor="Silver" Padding="5">
    <HorizontalStackLayout Spacing="15">
        <Rectangle Fill="Purple" HeightRequest="30"
            WidthRequest="30" HorizontalOptions="Start"/>
        <Label Text="Purple" VerticalOptions="Center"/>
    </HorizontalStackLayout>
</Frame>
</VerticalStackLayout>
```

(2) 运行结果。复杂布局效果如图 3.9 所示。

(3) 代码分析。在本例中，在 VerticalStackLayout 纵向分布三个框架(Frame)，并且在每个 Frame 中内嵌一个 HorizontalStackLayout，每个 HorizontalStackLayout 中又水平排列一个方块和一个标签。需要注意的是，如果窗体中行数是确定的，则使用 Grid 实现上述布局更合适，可以得到更好的性能。如果行数不确定，是在程序运行过程中动态加载的，则只能使用 VerticalStackLayout。

课堂练习 3：请使用 Grid 控件实现图 3.9 所示的布局。

课堂练习 4：请实现图 3.10 所示的布局。

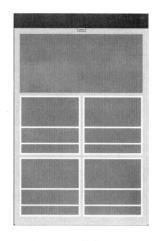

图 3.9　复杂布局效果　　　　　图 3.10　课堂练习 4

3.4　AbsoluteLayout

视频 3.4：界面布局 - AbsoluteLayout

视频讲解了 AbsoluteLayout 的使用方法。

AbsoluteLayout 使用显式值来定位和调整子控件大小，定位值指定 AbsoluteLayout 左上角相对于其子控件左上角的距离。此外，AbsoluteLayout 还实现了按比例定位和调整大小的功能。如果需要子控件间进行交叉布局，就必须要使用 AbsoluteLayout。

AbsoluteLayout 最重要的两个属性包括以下内容。

(1) LayoutBounds，由四个数字组成，表示子控件的位置和大小，格式为"X 轴坐标,Y 轴坐标,长,宽"，默认值为"0,0,AutoSize,AutoSize"。

(2) LayoutFlags，用于定位和调整子控件大小的值是否按比例进行解释。

【例 3-8】　子控件间进行交叉布局。

(1) 示例代码。

```
<AbsoluteLayout Margin="20">
   <BoxView Color="Silver"
            AbsoluteLayout.LayoutBounds="0, 10, 200, 5" />
   <BoxView Color="Silver"
            AbsoluteLayout.LayoutBounds="0, 20, 200, 5" />
   <BoxView Color="Silver"
            AbsoluteLayout.LayoutBounds="10, 0, 5, 65" />
   <BoxView Color="Silver"
            AbsoluteLayout.LayoutBounds="20, 0, 5, 65" />
   <Label Text="Stylish Header" FontSize="24"
          AbsoluteLayout.LayoutBounds="30, 25" />
</AbsoluteLayout>
```

(2) 运行结果。交叉布局的效果如图 3.11 所示。

图 3.11　交叉布局的效果

(3) 代码分析。程序设计中的屏幕坐标系统与数学中的几何坐标系统有所不同，当屏幕的分辨率为 1024×768 像素时，整个屏幕的左上角坐标为(0,0)，而右下角坐标为(1024,768)。也就是说，屏幕坐标的 Y 轴方向与几何坐标的 Y 轴方向正好相反。屏幕坐标和几何坐标如图 3.12 所示。

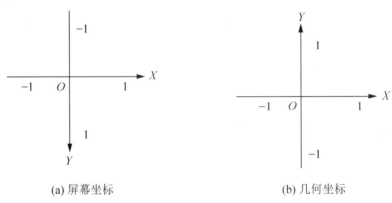

(a) 屏幕坐标　　　　　　　　　　(b) 几何坐标

图 3.12　屏幕坐标和几何坐标

在本例中，AbsoluteLayout.LayoutBounds="0, 10, 200, 5"中的前两个数字 0、10 表示表示控件左上角距 AbsoluteLayouty 左上角的 X 轴和 Y 轴的距离分别为 0 和 10，后两个数字表示控件在 X 轴方向的长度为 200，在 Y 轴方向的宽度为 5。最后一个控件的 LayoutBounds 属性省略了后两个数字，则使用默认值 AutoSize，表示由控件根据文字内容自行决定大小。

【例 3-9】　按比例指定子控件的位置。

(1) 示例代码。

```
<AbsoluteLayout>
    <BoxView Color="Blue"
            AbsoluteLayout.LayoutBounds="0.5,0,100,25"
            AbsoluteLayout.LayoutFlags="PositionProportional" />
    <BoxView Color="Green"
            AbsoluteLayout.LayoutBounds="0,0.5,25,100"
            AbsoluteLayout.LayoutFlags="PositionProportional" />
    <BoxView Color="Red"
            AbsoluteLayout.LayoutBounds="1,0.5,25,100"
            AbsoluteLayout.LayoutFlags="PositionProportional" />
    <BoxView Color="Black"
```

```
            AbsoluteLayout.LayoutBounds="0.5,1,100,25"
            AbsoluteLayout.LayoutFlags="PositionProportional" />
    <Label Text="Centered text" TextColor="Black"
            AbsoluteLayout.LayoutBounds="0.5,0.5,110,25"
            AbsoluteLayout.LayoutFlags="PositionProportional" />
</AbsoluteLayout>
```

(2) 运行结果。按比例指定子控件的位置效果如图 3.13 所示。

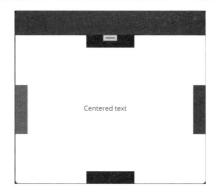

图 3.13 按比例指定子控件的位置效果

(3) 代码分析。PositionProportional 属性值表示子控件的位置按比例指定，其值在 0～1 之间，0 表示子控件位于最左侧，1 表示其位于最右侧，0.5 表示其位于中间。

【例 3-10】 按比例指定子控件的大小。

(1) 示例代码。

```
<AbsoluteLayout>
    <BoxView Color="Blue"
            AbsoluteLayout.LayoutBounds="0.5,0,0.3,0.1"
            AbsoluteLayout.LayoutFlags="All" />
    <BoxView Color="Green"
            AbsoluteLayout.LayoutBounds="0,0.5,0.1,0.3"
            AbsoluteLayout.LayoutFlags="All" />
    <BoxView Color="Red"
            AbsoluteLayout.LayoutBounds="1,0.5,0.1,0.3"
            AbsoluteLayout.LayoutFlags="All" />
    <BoxView Color="Black"
            AbsoluteLayout.LayoutBounds="0.5,1,0.3,0.1"
            AbsoluteLayout.LayoutFlags="All" />
    <Label Text="Centered text" TextColor="Black" FontSize="26"
            AbsoluteLayout.LayoutBounds="0.5,0.5"
            AbsoluteLayout.LayoutFlags="PositionProportional" />
</AbsoluteLayout>
```

(2) 运行结果和代码分析。此例运行效果和上例类似。请尝试改变窗体大小，查看两个例子的异同。将 LayoutFlags 指定为 All，表明无论是位置还是大小都按比例指定。

课堂练习 5：请实现图 3.14 所示的两个布局。其中，布局 1 中的颜色块的尺寸固定，而位置则需随窗体尺寸的改变而改变；布局 2 中的控件无论是大小还是位置都随窗体尺寸的改变而改变。

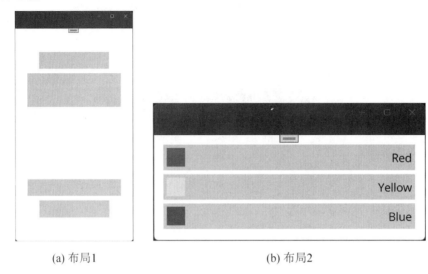

(a) 布局1　　　　　　　　　　　　　(b) 布局2

图 3.14　课堂练习 5

思考：在课堂练习 5 的布局 1 中，如果要求颜色块的高度固定，长度和位置随窗体尺寸的改变而按比例改变，请问该如何实现？

3.5　FlexLayout

视频 3.5：界面布局 - FlexLayout

视频讲解了 FlexLayout 的使用方法。

在网页设计中，有一个弹性布局，可以让多个子元素在一行无法完全显示的情况下自动进行多行排列，MAUI 使用 FlexLayout 实现了弹性布局，它可以控制方向、对齐，并适应不同的屏幕尺寸。

FlexLayout 的重要属性包括以下内容。

(1) JustifyContent，此属性决定了当子控件在沿主轴(一行或一列)排列时如果存在剩余空间，将如何分配这些剩余空间。图 3.15 展示了 JustifyContent 6 个属性值的显示效果(主轴为横轴)。

(2) AlignItems，指定子控件沿交叉轴(主轴为横轴，则交叉轴为纵轴；主轴为纵轴，则交叉轴为横轴)方向的对齐方式。图 3.16 展示了 AlignItems 4 个属性值的显示效果(交叉轴为纵轴)。

(3) Direction，指定子控件相对于屏幕的排列方向，即主轴方向。图 3.17 展示了 Direction 4 个属性值的显示效果。

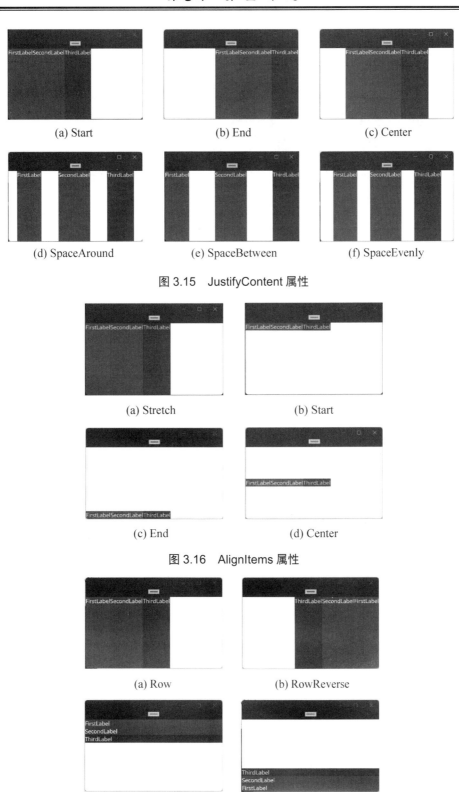

图 3.15 JustifyContent 属性

图 3.16 AlignItems 属性

图 3.17 Direction 属性

(4) Wrap，指定当单个主轴无法容纳所有子控件时，是否换行显示。图 3.18 展示了 Wrap 3 个属性值的显示效果。请注意观察图 3.18(a)，将 Wrap 属性设置为 NoWrap 时，如果一行无法完全容纳所有子控件，将会裁剪所有子控件右边部分，直至一行可以完全容纳。

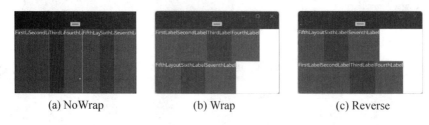

(a) NoWrap　　　　　　(b) Wrap　　　　　　(c) Reverse

图 3.18　Wrap 属性

【例 3-11】 使用 FlexLayout 控件布局。

(1) 示例代码。

```xml
<FlexLayout Direction="Row" Wrap="Wrap"
        JustifyContent="SpaceEvenly" AlignContent="SpaceEvenly">
    <BoxView WidthRequest="100" HeightRequest="100" Color="Silver"/>
    <BoxView WidthRequest="100" HeightRequest="100" Color="Silver"/>
    <BoxView WidthRequest="100" HeightRequest="100" Color="Silver"/>
    <BoxView WidthRequest="100" HeightRequest="100" Color="Silver"/>
    <BoxView WidthRequest="100" HeightRequest="100" Color="Silver"/>
    <BoxView WidthRequest="100" HeightRequest="100" Color="Silver"/>
    <BoxView WidthRequest="100" HeightRequest="100" Color="Silver"/>
    <BoxView WidthRequest="100" HeightRequest="100" Color="Silver"/>
    <BoxView WidthRequest="100" HeightRequest="100" Color="Silver"/>
    <BoxView WidthRequest="100" HeightRequest="100" Color="Silver"/>
</FlexLayout>
```

(2) 运行结果。使用 FlexLayout 控件布局的效果如图 3.19 所示。请尝试改变窗体大小，查看其变化。

图 3.19　使用 FlexLayout 控件布局的效果

(3) 代码分析。在此例中使用的 AlignContent 属性之前并未介绍,其效果与 JustifyContent 属性类似,只是其针对的是交叉轴。

网页设计中有一种标准的布局被称为"圣杯",它是一种非常理想的布局格式,但往往很难完美实现。此布局由页面顶部的页眉(Header)和底部的页脚(Footer)组成,两者都延伸到页面的整个宽度。占据页面中心的是内容(Content),通常在 Content 左侧有一个列式菜单,在右侧有补充信息(有时称为旁白区)。此布局可以通过 FlexLayout 控件实现。

【例 3-12】 使用嵌套的 FlexLayout 控件实现圣杯布局。

(1) 示例代码。

```
<FlexLayout Direction="Column">
    <Label Text="HEADER"
           FontSize="18"
           BackgroundColor="Aqua"
           HorizontalTextAlignment="Center" />

    <FlexLayout FlexLayout.Grow="1">
       <Label Text="CONTENT" FontSize="18"
              BackgroundColor="Gray" HorizontalTextAlignment="Center"
              VerticalTextAlignment="Center" FlexLayout.Grow="1" />
       <BoxView FlexLayout.Basis="50" FlexLayout.Order="-1"
              Color="Blue" />
       <BoxView FlexLayout.Basis="50" Color="Green" />
    </FlexLayout>

    <Label Text="FOOTER" FontSize="18"
           BackgroundColor="Pink" HorizontalTextAlignment="Center" />
</FlexLayout>
```

(2) 运行结果。圣杯布局效果如图 3.20 所示。

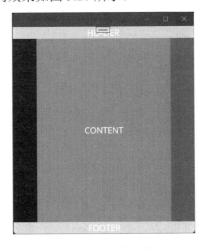

图 3.20 圣杯布局效果

(3) 代码分析。本例使用了三个附加属性:Grow、Basis 和 Order。

外层 FlexLayout 使用纵向布局,Header 和 Footer 的高度由字体尺寸决定,是一个固定值。此时将内嵌 FlexLayout 的 FlexLayout.Grow 属性设置为 1,表明它将占据整个纵向剩余空间。

内嵌 FlexLayout 为横向布局,将左边 BoxView 和右边 BoxView 的 FlexLayout.Basis 属性值设置为 50,表明两个 BoxView 的宽度设定为 50 个单位。此时,将 Content 的 Grow 附加属性值设置为 1,表明剩余的横向空间由 Content 全部占据。

左边 BoxView 是在 Content 之后声明的,按理应当排列在 Content 的右边,但将其 FlexLayout.Order 属性设置为-1,表示强制将 BoxView 排列在最左侧,该值越小越靠左边排列。

需要注意的是,使用 Grid 来实现此布局会更为简单,且运行效率更高。但现实情况是,左侧列式菜单和右侧旁白区在运行时往往是可以隐藏或动态改变横向尺寸的,使用 FlexLayout 可以很方便地让 Content 在其他两块区域尺寸改变时自动占据多出来的空间。

课堂练习 6:请实现图 3.21 所示的布局。

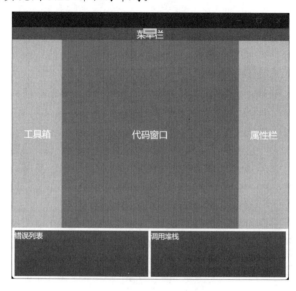

图 3.21　课堂练习 6

实 训 指 导

1. 实训目的

(1) 进一步理解并掌握本章所述所有布局控件的使用方法。
(2) 掌握各布局控件间的嵌套及综合使用。
(3) 了解 Image 控件及 Border 控件的使用方法。

2. 实训内容

本实训将以一个手机 App 上的页面为模板进行仿制,仿制的页面如图 3.22 所示。

图3.22 仿制的页面

3. 实训步骤

	视频3.6：B站动态页仿制-上
	视频讲解了页面中的页眉及搜索栏的制作方法。
	视频3.7：B站动态页仿制-中
	视频讲解了页面中的最常访问及热门话题模块的制作方法。
	视频3.8：B站动态页仿制-下
	视频讲解了页面中底部按钮栏的制作方法。

视频 3.6~3.8 详细介绍了本实训项目的完整过程,实现过程非常复杂,请务必观看视频学习,书中只列出了源代码。本实训使用的图片素材请到 http://iotxfd.cn/down/CSharp/SVG3-6.zip 上下载。

MainPage.xaml 中的 UI 代码。

```xml
<Grid RowDefinitions="46,*,60">
    <FlexLayout JustifyContent="Center" AlignItems="Center">
        <Label Text="视频" FontSize="14" Margin="10,0,10,0"/>
        <Label Text="综合" FontSize="14" Margin="10,0,10,0"/>
        <Label Text="校园" FontSize="14" Margin="10,0,10,0"/>
    </FlexLayout>
    <ScrollView Grid.Row="1">
        <VerticalStackLayout BackgroundColor="#F1F2F4">
            <Grid Padding="10" BackgroundColor="White" Margin="0,2,0,2">
                <Entry Placeholder="查找精彩动态内容"/>
            </Grid>
            <AbsoluteLayout HeightRequest="40" BackgroundColor="White"
                    Padding="10">
                <Label Text="最常访问" FontAttributes="Bold" FontSize="13"
                    AbsoluteLayout.LayoutBounds="0,0.5"
                    AbsoluteLayout.LayoutFlags="PositionProportional"/>
                <Label Text="查看更多 >" TextColor="Gray" FontSize="12"
                    AbsoluteLayout.LayoutBounds="1,0.5"
                    AbsoluteLayout.LayoutFlags="PositionProportional"/>
            </AbsoluteLayout>
            <ScrollView Orientation="Horizontal" BackgroundColor="White"
                    Padding="10,0,10,20">
                <HorizontalStackLayout Spacing="20">
                    <Grid RowDefinitions="60,*" WidthRequest="55"
                        RowSpacing="5">
                        <Ellipse HeightRequest="55" WidthRequest="55"
                            Fill="gray"/>
                        <Label Grid.Row="1" Text="韦东山" FontSize="11"
                            HorizontalTextAlignment="Center"/>
                    </Grid>
                    <Grid RowDefinitions="60,*" WidthRequest="55"
                        RowSpacing="5">
                        <Ellipse HeightRequest="55" WidthRequest="55"
                            Fill="gray"/>
                        <Label Grid.Row="1" Text="观视频工作室" FontSize="11"
                            HorizontalTextAlignment="Center"/>
                    </Grid>
                    <Grid RowDefinitions="60,*" WidthRequest="55"
                        RowSpacing="5">
                        <Ellipse HeightRequest="55" WidthRequest="55"
                            Fill="gray"/>
```

```xml
            <Label Grid.Row="1" Text="俞秦语理" FontSize="11"
                HorizontalTextAlignment="Center"/>
        </Grid>
        <Grid RowDefinitions="60,*" WidthRequest="55"
            RowSpacing="5">
            <Ellipse HeightRequest="55" WidthRequest="55"
                Fill="gray"/>
            <Label Grid.Row="1" Text="朱文晖" FontSize="11"
                HorizontalTextAlignment="Center"/>
        </Grid>
        <Grid RowDefinitions="60,*" WidthRequest="55"
            RowSpacing="5">
            <Ellipse HeightRequest="55" WidthRequest="55"
                Fill="gray"/>
            <Label Grid.Row="1" Text="波士顿圆脸" FontSize="11"
                HorizontalTextAlignment="Center"/>
        </Grid>
        <Grid RowDefinitions="60,*" WidthRequest="55"
            RowSpacing="5">
            <Ellipse HeightRequest="55" WidthRequest="55"
                Fill="gray"/>
            <Label Grid.Row="1" Text="卢克文工作室" FontSize="11"
                HorizontalTextAlignment="Center"/>
        </Grid>
    </HorizontalStackLayout>
</ScrollView>
<AbsoluteLayout HeightRequest="40" BackgroundColor="White"
        Padding="10" Margin="0,8,0,0">
    <Label Text="热门话题" FontAttributes="Bold" FontSize="13"
        AbsoluteLayout.LayoutBounds="0,0.5"
        AbsoluteLayout.LayoutFlags="PositionProportional"/>
    <Label Text="查看更多 >" TextColor="Gray" FontSize="12"
        AbsoluteLayout.LayoutBounds="1,0.5"
        AbsoluteLayout.LayoutFlags="PositionProportional"/>
</AbsoluteLayout>
<ScrollView Orientation="Horizontal" BackgroundColor="White"
        Padding="10,5,10,15">
    <HorizontalStackLayout>
        <VerticalStackLayout Spacing="12" Margin="0,0,15,0">
            <HorizontalStackLayout Spacing="7">
                <BoxView CornerRadius="3" Color="#0088C4"
                    WidthRequest="15" HeightRequest="13"/>
                <Label Text="俄罗斯：将派出战斗机器人应对西方坦克"
                    VerticalOptions="Center" FontSize="13"/>
            </HorizontalStackLayout>
            <HorizontalStackLayout Spacing="7">
                <BoxView CornerRadius="3" Color="#0088C4"
```

```xml
            WidthRequest="15" HeightRequest="13"/>
        <Label Text="国服停服导致暴雪收入大减"
            VerticalOptions="Center" FontSize="13"/>
    </HorizontalStackLayout>
    <HorizontalStackLayout Spacing="7">
        <BoxView CornerRadius="3" Color="#0088C4"
            WidthRequest="15" HeightRequest="13"/>
        <Label Text="专家建议对50万元以上存款征收利息税"
            VerticalOptions="Center" FontSize="13"/>
    </HorizontalStackLayout>
</VerticalStackLayout>
<VerticalStackLayout Spacing="12" Margin="0,0,15,0">
    <HorizontalStackLayout Spacing="7">
        <BoxView CornerRadius="3" Color="#0088C4"
            WidthRequest="15" HeightRequest="13"/>
        <Label Text="河南一教育基地被曝严重体罚学生"
            VerticalOptions="Center" FontSize="13"/>
    </HorizontalStackLayout>
    <HorizontalStackLayout Spacing="7">
        <BoxView CornerRadius="3" Color="#0088C4"
            WidthRequest="15" HeightRequest="13"/>
        <Label Text="印度神童声称智商高达180,超爱因斯坦"
            VerticalOptions="Center" FontSize="13"/>
    </HorizontalStackLayout>
    <HorizontalStackLayout Spacing="7">
        <BoxView CornerRadius="3" Color="#0088C4"
            WidthRequest="15" HeightRequest="13"/>
        <Label Text="14岁初中生保送清华本硕连读"
            VerticalOptions="Center" FontSize="13"/>
    </HorizontalStackLayout>
</VerticalStackLayout>
<VerticalStackLayout Spacing="12" Margin="0,0,15,0">
    <HorizontalStackLayout Spacing="7">
        <BoxView CornerRadius="3" Color="#0088C4"
            WidthRequest="15" HeightRequest="13"/>
        <Label Text="LV老板因中国游客看好奢侈品市场"
            VerticalOptions="Center" FontSize="13"/>
    </HorizontalStackLayout>
    <HorizontalStackLayout Spacing="7">
        <BoxView CornerRadius="3" Color="#0088C4"
            WidthRequest="15" HeightRequest="13"/>
        <Label Text="赛博烧金!福建一寺庙设电子扫码烧金"
            VerticalOptions="Center" FontSize="13"/>
    </HorizontalStackLayout>
    <HorizontalStackLayout Spacing="7">
        <BoxView CornerRadius="3" Color="#0088C4"
            WidthRequest="15" HeightRequest="13"/>
```

```xml
            <Label Text="动漫中让你心动的场景"
                VerticalOptions="Center" FontSize="13"/>
        </HorizontalStackLayout>
    </VerticalStackLayout>
</HorizontalStackLayout>
</ScrollView>
<VerticalStackLayout BackgroundColor="White" Margin="0,8,0,0"
            Padding="10,5,10,0">
    <Grid ColumnDefinitions="*,85" BackgroundColor="White"
    HeightRequest="65">
        <Grid RowDefinitions="*,*" ColumnDefinitions="50,*"
            HeightRequest="40">
            <Ellipse WidthRequest="40" HeightRequest="40"
                Grid.RowSpan="2" Fill="#AC141B"/>
            <Label Text="张捷财经观察" Grid.Column="1"
                FontSize="13" FontAttributes="Bold"/>
            <Label Text="5 分钟前 • 投稿了视频" Grid.Row="1"
                Grid.Column="1" FontSize="12" TextColor="#B2B7B8"/>
        </Grid>
        <Grid Grid.Column="1" ColumnDefinitions="50,25"
            Margin="0,3,0,0">
            <Image Source="more.png" Grid.Column="1"
                    WidthRequest="15"
                VerticalOptions="Start" Margin="8,10,0,0"/>
        </Grid>
    </Grid>
    <BoxView Color="Silver" HeightRequest="220" Margin="0,8,0,5"/>
    <Label Text="【红楼新年免费精品之七】贾雨村与甄士隐"
        FontSize="13" FontAttributes="Bold"/>
    <FlexLayout JustifyContent="SpaceAround" AlignItems="Center"
            HeightRequest="46">
        <Grid ColumnDefinitions="20,*" ColumnSpacing="3">
            <Image Source="forward.png" WidthRequest="17"/>
            <Label Text="转发" Grid.Column="1" FontSize="12"
                TextColor="Gray"/>
        </Grid>
        <Grid ColumnDefinitions="20,*" ColumnSpacing="3">
            <Image Source="comment.png" WidthRequest="17"/>
            <Label Text="6" Grid.Column="1" FontSize="12"
                TextColor="Gray"/>
        </Grid>
        <Grid ColumnDefinitions="20,*" ColumnSpacing="3">
            <Image Source="like.png" WidthRequest="17"/>
            <Label Text="60" Grid.Column="1" FontSize="12"
                TextColor="Gray"/>
        </Grid>
    </FlexLayout>
```

```xml
</VerticalStackLayout>
<VerticalStackLayout BackgroundColor="White" Margin="0,8,0,0"
            Padding="10,5,10,0">
    <Grid ColumnDefinitions="*,85" BackgroundColor="White"
        HeightRequest="65">
        <Grid RowDefinitions="*,*" ColumnDefinitions="50,*"
            HeightRequest="40">
            <Ellipse WidthRequest="40" HeightRequest="40"
                Grid.RowSpan="2" Fill="#AC141B"/>
            <Label Text="观察者网" Grid.Column="1"
                FontSize="13" FontAttributes="Bold"/>
            <Label Text="22 分钟前 · 投稿了视频" Grid.Row="1"
                Grid.Column="1" FontSize="12" TextColor="#B2B7B8"/>
        </Grid>
        <Grid Grid.Column="1" ColumnDefinitions="50,25"
            Margin="0,3,0,0">
            <Image Source="person.png" VerticalOptions="Start"/>
            <Image Source="more.png" Grid.Column="1"
                WidthRequest="15" VerticalOptions="Start"
                Margin="8,10,0,0"/>
        </Grid>
    </Grid>
    <BoxView Color="Silver" HeightRequest="220" Margin="0,8,0,5"/>
    <Label Text="2023 春节档票房 67.3 亿元创春节档历史第二,《满…"
        FontSize="13" FontAttributes="Bold"/>
    <HorizontalStackLayout Margin="0,11,0,5" HeightRequest="18">
        <Image Source="comment.png" WidthRequest="11"/>
        <Label Text="这下留名青史了,虽然是秦桧那个类型的"
            FontSize="11"/>
    </HorizontalStackLayout>
    <FlexLayout JustifyContent="SpaceAround" AlignItems="Center"
            HeightRequest="46">
        <Grid ColumnDefinitions="20,*" ColumnSpacing="3">
            <Image Source="forward.png" WidthRequest="17"/>
            <Label Text="12" Grid.Column="1" FontSize="12"
                TextColor="Gray"/>
        </Grid>
        <Grid ColumnDefinitions="20,*" ColumnSpacing="3">
            <Image Source="comment.png" WidthRequest="17"/>
            <Label Text="630" Grid.Column="1" FontSize="12"
                TextColor="Gray"/>
        </Grid>
        <Grid ColumnDefinitions="20,*" ColumnSpacing="3">
            <Image Source="like.png" WidthRequest="17"/>
            <Label Text="2240" Grid.Column="1" FontSize="12"
```

```xml
                    TextColor="Gray"/>
                </Grid>
            </FlexLayout>
        </VerticalStackLayout>
    </VerticalStackLayout>
</ScrollView>
<FlexLayout Grid.Row="2" JustifyContent="SpaceAround" AlignItems="Center">
    <Grid RowDefinitions="25,*">
        <Image Source="homepage.png" WidthRequest="17"/>
        <Label Text="首页" Grid.Row="1" FontSize="10"
               TextColor="Gray"/>
    </Grid>
    <Grid RowDefinitions="25,*">
        <Image Source="fan.png" WidthRequest="17"/>
        <Label Text="动态" Grid.Row="1" FontSize="10"
               TextColor="Gray"/>
    </Grid>
    <Border Stroke="#FE669F" BackgroundColor="#FE669F"
            HeightRequest="35" WidthRequest="35" StrokeThickness="1">
        <Border.StrokeShape>
            <RoundRectangle CornerRadius="10"/>
        </Border.StrokeShape>
        <Image Source="add.png" WidthRequest="15"/>
    </Border>
    <Grid RowDefinitions="25,*">
        <Image Source="bag.png" WidthRequest="17"/>
        <Label Text="会员购" Grid.Row="1" FontSize="10"
               TextColor="Gray"/>
    </Grid>
    <Grid RowDefinitions="25,*">
        <Image Source="television.png" WidthRequest="17"/>
        <Label Text="我的" Grid.Row="1" FontSize="10"
               TextColor="Gray"/>
    </Grid>
</FlexLayout>
</Grid>
```

本 章 小 结

本章详细讲述了 MAUI 中最重要的几个基础布局控件：Grid、HorizontalStackLayout、VerticalStackLayout、AbsoluteLayout 和 FlexLayout，并介绍了布局控件的嵌套使用。在本章的最后，通过一个真实 App 页面的制作过程，详细演示了如何通过综合地使用各种布局控件来实现各类复杂页面。

习　　题

1. 判断题

(1) Grid 是在水平方向上组织子控件的布局控件。　　　　　　　　　　(　　)

(2) RowSpan 和 ColumnSpan 属性指定控件在其父控件 Grid 中跨越的行数或列数。

(　　)

(3) HorizontalStackLayout 的执行速度比 StackLayout 更快。　　　　　(　　)

(4) 不同布局控件间不能嵌套使用。　　　　　　　　　　　　　　　　(　　)

(5) 在 HorizontalStackLayout 中，如果不设置子控件的 VerticalOptions 属性，则其默认的排列方式为 Fill。　　　　　　　　　　　　　　　　　　　　　　(　　)

(6) AbsoluteLayout 使用显式值来定位和调整子控件的大小。　　　　　(　　)

(7) 程序设计中的屏幕坐标系与数学中的几何坐标系完全一致。　　　　(　　)

(8) 通过 FlexLayout 实现了弹性布局。　　　　　　　　　　　　　　　(　　)

2. 选择题

(1) 在 Grid 中，以下(　　)属性指定了行间距。

　　A. RowDefinitions　　　　　　　　B. RowSpacing
　　C. ColumnSpacing　　　　　　　　D. ColumnDefinitions

(2) 在 HorizontalStackLayout 中，设置 VerticalOptions 属性为(　　)值会使得控件靠下对齐。

　　A. Start　　　　B. Center　　　　C. End　　　　D. Fill

(3) 在 VerticalStackLayout 中，设置 HorizontalOptions 属性为(　　)值会使得控件水平居中对齐。

　　A. Start　　　　B. Center　　　　C. End　　　　D. Fill

(4) 在 AbsoluteLayout 中，LayoutBounds 属性中的 4 个数字分别表示(　　)。

　　A. 长,宽,X 轴坐标,Y 轴坐标。
　　B. 长,X 轴坐标,宽,Y 轴坐标。
　　C. X 轴坐标,长,Y 轴坐标,宽。
　　D. X 轴坐标,Y 轴坐标,长,宽。

(5) 在 AbsoluteLayou 中，以下(　　)代码使子控件靠右垂直居中。

　　A. AbsoluteLayout.LayoutBounds="0.5,0,0.3,0.1"
　　B. AbsoluteLayout.LayoutBounds="0,0.5,0.1,0.3"
　　C. AbsoluteLayout.LayoutBounds="1,0.5,0.1,0.3"
　　D. AbsoluteLayout.LayoutBounds="0.5,1,0.3,0.1"

(6) 在 FlexLayout 中,JustifyContent 属性决定了当子控件在沿主轴(一行或一列)排列时如何分配剩余空间。例如，图 3.23 是(　　)属性值分配的结果。

　　A. SpaceAround　　B. SpaceBetween　　C. SpaceEvenly　　D. SpaceStart

(7) 在 FlexLayout 中，AlignItems 属性指定了子控件沿交叉轴方向的对齐方式。例如，图 3.24 是(　　)属性值分配的结果。

A. Stretch　　　B. Start　　　C. End　　　D. SpaceBetween

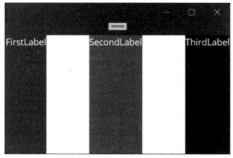

图 3.23　JustifyContent 属性中的控件分布

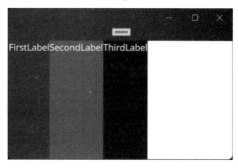

图 3.24　AlignItems 属性中的控件分布

(8) 在 FlexLayout 中，Direction 指定了控件相对于屏幕的排列方向，即主轴方向。例如，图 3.25 是(　　)属性值分配的结果。

A. Row　　　B. Column　　　C. RowReverse　　　D. ColumnReverse

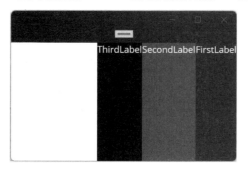

图 3.25　Direction 属性中的控件分布

3. 填空题

(1) 在 Grid 中，使用＿＿＿＿＿＿＿＿属性指定子控件在其父控件中跨越的行数。

(2) 在水平方向上组织控件的布局控件是＿＿＿＿＿＿＿＿＿＿。

(3) AbsoluteLayout 使用＿＿＿＿＿＿来定位和调整子控件的大小。

(4) 屏幕坐标系的 Y 轴方向与几何坐标系的 Y 轴方向＿＿＿＿＿＿＿＿＿。

(5) MAUI 中弹性布局使用＿＿＿＿＿＿＿＿＿＿＿控件实现。

(6) 在 FlexLayout 中使用＿＿＿＿＿＿＿＿属性分配排列时的剩余空间。

(7) 在 FlexLayout 中使用＿＿＿＿＿＿＿＿属性决定子控件排满时是否换行显示。

(8) AbsoluteLayout 中的 LayoutBounds 属性由＿＿＿＿个数字组成。

4. 简答题

(1) 简述 StackLayout、HorizontalStackLayout 和 VerticalStackLayout 三者之间的区别。

(2) 圣杯布局有哪些部分组成？

5. 编程题

(1) 设计一个应用程序，通过单击按钮改变标签显示内容的颜色为紫色或深蓝，背景颜色为粉红或橙色。

(2) 设计一个应用程序，在文本框中输入一行文字，并通过单击按钮将用户输入的文字显示在标签中。

(3) 编写一个程序，要求将一个人的姓名、电话、通信地址作为输入项，单击【提交】按钮在文本框显示这个人的联系信息(多行显示)。

第4章 数据类型

教学提示

变量实际指向一个存储了数据值的内存地址,变量的数据类型决定了如何将这些数据值存储到内存中。不同的数据类型占用不同大小的内存空间,使用时要根据数据选择合适的数据类型,有时需要对数据类型进行转化。

教学要求

知 识 要 点	能 力 要 求	相 关 知 识
关键字和标识符	(1) 掌握C#中的关键字 (2) 掌握标识符的含义及命名规范	(1) 规范命名的意义 (2) 标识符命名规范
变量与常量	(1) 能够声明变量并给变量赋值 (2) 能够声明常量并给常量赋值	(1) 强类型语言的含义 (2) 变量的使用方法 (3) 常量的使用方法
整型数据	(1) 能够正确书写各种整型常量 (2) 掌握各整数类型的大小和取值范围 (3) 能够在各种进制中对整数进行转换	(1) 整型常量的两种表现形式 (2) 整型常量后缀的使用 (3) 各种进制间相互转换的方法
实型数据	(1) 能够正确书写各种实型常量 (2) 掌握各实数类型的取值范围和精度 (3) 掌握浮点型和decimal类型之间的区别	(1) 实型常量的两种表现形式 (2) IEEE 754 标准 (3) 银行家舍入法
字符型及字符串	(1) 能够正确使用转义字符 (2) 掌握判断字符类型的方法 (3) 掌握字符和字符串的区别	(1) 转义字符的使用方法 (2) 字符的常用方法 (3) 字符串的常用方法
数据转换	(1) 能够正确使用隐式数值转换 (2) 能够正确使用显式数值转换	(1) 隐式数值转换的原则 (2) 数值转换的方法

什么是数据类型？就像在学校中为师生安排宿舍一样，有男教师、女教师、男学生、女学生几种不同类型的人员，必须为他们分别安排合适的宿舍，否则就会很难管理。在计算机中，应用程序也是要处理各种不同类型的数据，如整数、小数和字符等，这些就称为数据类型。

先来认识几个最常见的数据类型。

(1) int：表示整数，如1、20、-999。

(2) double：表示实数，如2.5、3.1415926。

(3) bool：表示一个布尔值，只有两种值，即真(true)和假(false)。

(4) char：表示字符，如'a'、'3'、'&'。

(5) string：表示字符串，如"abcdef"、"你好，世界！"。

4.1 关键字和标识符

1. 关键字

上面讲到 int 表示一个整数，这说明 int 对于 C#编译器来说有着特定的含义，它代表了整数类型。C#中一些被赋予特定的含义、具有专门用途的字符串称为关键字(keyword，又称保留字)。表 4-1 列出了 C#的关键字。

表 4-1 C#的关键字

abstract	as	base	bool	break
byte	case	catch	char	checked
class	const	continue	decimal	default
delegate	do	double	else	enum
event	explicit	extern	false	finally
fixed	float	for	foreach	goto
if	implicit	in	int	interface
internal	is	lock	long	namespace
new	null	object	operator	out
override	params	private	protected	public
readonly	ref	return	sbyte	sealed
short	sizeof	stackalloc	static	string
struct	switch	this	throw	true
try	typeof	unchecked	uint	ulong
unsafe	ushort	using	virtual	void

2. 标识符

C#语言对各种变量、方法和类等要素命名时，使用的字符序列称为标识符(identifier)。

如在第一个程序"Hello World！"中

```
Console.WriteLine("Hello World! ");
```

Console 和 WriteLine 都是标识符，Console 是类名，WriteLine 是方法名。

C#标识符命名规则如下。

(1) 不能与系统中的关键字重名。
(2) 由字母、下画线、数字或中文组成。
(3) 应以字母、中文或下画线开头。
(4) 中间不能包含空格。
(5) 对大小写敏感。

注意：一般情况下，尽管可以但也不要使用中文命名标识符。尽量起有意义的名字，做到见名知意。例如，看到 StudentCount 就立刻可以想到它表示学生的人数。而 X9ad 就不是一个好名称，猜不透它是代表一个序列号、一个商标，还是一种机器名。这样的名字会给阅读代码的人带来困惑。

4.2 变量与常量

一个程序要运行，就要先描述其算法。描述一个算法应先说明算法中要用的数据，数据以常量或变量的形式来描述。每个常量或变量都有其数据类型。

4.2.1 变量

1. 变量的含义

顾名思义，在程序运行过程中，其值可以改变的量称为变量。变量是存储信息的单元，它对应某个内存空间，用变量名代表其存储空间。程序能在变量中存储值和取出值。这好比超市的货架(内存)，货架上摆放着商品(变量)，当商品卖出后可以在货架上摆上其他的商品。

2. 变量的声明和赋值

C#语言是强类型语言。强类型语言要求程序设计者在使用数据之前必须对数据的类型进行声明。使用强类型语言有很多好处。例如，错把一个字符串当作整数，编译器就会发出错误信息提示。在程序设计中很多的错误是发生在数据类型的误用上的，强类型语言能够检查出尽可能多的数据类型方面的错误。同时，使用强类型语言也能更清楚地表达作者的意图，使代码更具可读性。

变量用来存放数据，在使用变量前必须对它进行声明。变量声明的一般形式如下所示。

```
类型 变量名；
```

示例代码。

```
int i;                      //声明一个整型变量i
string studentName;         //声明一个字符串变量studentName
```

可以把相同类型的变量声明在一起，相互之间用逗号分隔。

```
int i, j, k;                              //声明3个整型变量i、j、k
string studentName, teacherName;          //声明2个字符串变量
```

可以在声明变量的同时对它进行赋值，这又称为初始化。用赋值运算符"="给变量赋值。

```
int i = 100;                   //声明一个整型变量i，并把它的初值设为100
int i=50, j=60, k = 100;       //声明3个整型变量并分别赋值
int i, j, k = 100;             //只给k赋了值，i和j只声明，没有赋值
```

如果多个变量的值相同，也可以写成以下代码。

```
int i, j, k;                   //声明3个变量
i = j = k = 100;               //给3个变量同时赋值，使它们的值都为100
```

变量在使用之前必须先对其进行初始化，初始化之后可以多次改变它的值。变量在声明之后，使用它不需要再次声明。

【例 4-1】 输出变量的值。

(1) 示例代码。

```
1  int i;                      //声明一个变量i，此时它的值为空，必须赋值后才能使用
2  i = 100;                    //把值100赋给i
3  Console.WriteLine(i);       //输出i的值
4  i = 200;                    //i的值变为200
5  i = 300;                    //i的值变为300
6  Console.WriteLine(i);       //输出i的值
```

(2) 运行结果。

```
100
300
```

(3) 代码分析。第1次输出变量i时，i的值为100。第2次输出i时，之前分别给i赋值为200和300，这时取最近一次i的值，输出结果为300。

课堂练习1：声明2个变量x和y，将其值初始化为100和200，声明第3个变量z，让其值等于前两个变量的和。

4.2.2 常量

1. 常量的含义

在数学运算中，经常要用到圆周率，假设在程序中需要大量地使用圆周率进行计算，就可以声明一个常量来代替圆周率。一方面可以防止诸如把3.14159写成3.14156的错误，保证整个程序使用的都是同一个圆周率；另一方面假设因为要求更高的精度，所以需要把原来使用的3.14改为3.1415926，这时只需更改常量的声明就可以在整个程序中使用更高精度的圆周率了，使用常量使得程序的维护变得非常简单。

在程序运行过程中，其值不能被改变的量称为常量。使用常量，可以提高代码的可读

性并使代码更易于维护。常量是有意义的名称，用于代替在应用程序的整个执行过程中都保持不变的数字或字符串。

常量分为不同的类型，如 12、0、-9 为整型常量，4.23、-69.5 为实型常量，'b'、'5'、'&' 为字符常量，"你好世界！"为字符串常量。也可以用一个标识符代表一个常量，这就需要对常量进行声明。

【例 4-2】 常量的使用。

(1) 示例代码。

```
1  const string HELLO_WORLD = "你好世界！";   //声明一个字符串常量
2  Console.WriteLine(HELLO_WORLD);           //在程序中使用常量
```

(2) 代码分析。此例用一个标识符"HELLO_WORLD"代表一个常量。这种标识符形式的常量称为符号常量。

2. 常量的声明

常量声明的一般形式为：

```
const 类型 常量名 = 表达式
```

(1) 类型只能是数值或字符串。
(2) 常量名应该全部使用大写，每个单词之间用下画线分隔，便于程序员识别。
(3) 表达式是必需的，即在声明常量的同时必须给它赋值。表达式可以是一个值，也可以是一个算术表达式，其中不能包含变量，但可以包含其他符号常量。

```
const double PI=3.1415926;              //代表圆周率
const int MONTH_IN_YEAR=12;             //代表一年有12个月
const double MY_VALUE=3 * PI;           //可以包含符号常量
int i = 1;                              //声明一个变量
const int CONST_I = i+10;               //错误，不能包含变量
```

4.3 整型数据

4.3.1 整型常量

整型常量即整常数。C#语言中整常数可用以下两种形式表示。

(1) 十进制整数，如 365、-36、0。
(2) 十六进制整数。以数字"0"加上字母"x"或"X"开头的数是十六进制数。例如，0xA 表示十进制的 10；-0x100 表示十进制的-256；0x9c 和 0X9C 都表示十进制的 156。

4.3.2 整型变量

表 4-2 列出了 C#语言中的 9 种整数类型。

表 4-2 C#语言中的 9 种整数类型

类　　型	说　　明	取 值 范 围	其 他 名 称
sbyte	8 位有符号整数	−128～127	—
byte	8 位无符号整数	0～255	—
char	16 位 Unicode 字符	0～65535	—
short	16 位有符号整数	−32768～32767	Int16
ushort	16 位无符号整数	0～65535	UInt16
int	32 位有符号整数	−2147483648～2147483647	Int32
uint	32 位无符号整数	0～4294967295	UInt32
long	64 位有符号整数	−9223372036854775808～9223372036854775807	Int64
ulong	64 位无符号整数	0～18446744073709551615	UInt64

其中，char 是字符类型(本章后面会详细介绍)，它的本质就是一个 16 位无符号整数。char 类型的字符集与 Unicode 字符集相对应。虽然 char 的表示形式与 ushort 相同，但是一种类型上允许实施的所有操作并非都可以用在另一种类型上。

整型常量可以使用字母"L"(或"l")和"U"(或"u")所组成的后缀。"U"(或"u")代表无符号，"L"(或"l")代表 64 位整数，如-125U、250UL。另外，在代码中使用整型常量 1 时，由于 1 符合以上任意一种整数类型(char 除外)的取值范围，所以编译器会把它当作哪一种整型呢？请参考以下规则。

(1) 如果该整数没有后缀，则它属于以下所列的类型中第 1 个能够表示其值的那个类型：int、uint、long、ulong。这表示编译器会把 1 当作 int 类型，而把 2147483648 当作 uint 类型，显然 2147483648 已经超出了 int 的取值范围。

(2) 如果该整数带有后缀 U 或 u，则它属于以下所列的类型中第 1 个能够表示其值的那个类型：uint，ulong。

(3) 如果该整数带有后缀 L 或 l，则它属于以下所列的类型中第 1 个能够表示其值的那个类型：long，ulong。

(4) 如果该整数带有后缀 UL、Ul、uL、ul、LU、Lu、lU 或 lu，则它属于 ulong 类型。

注意：尽量使用大写"L"而不是小写"l"做后缀，因为小写字母"l"容易与数字"1"混淆。

各种整型的取值范围不需要死记硬背，可以通过 MinValue 属性和 MaxValue 属性获取。

【例 4-3】 获取 byte、int 和 long 的取值范围。

(1) 示例代码。

```
1  Console.WriteLine("byte 的最小值为: " + byte.MinValue +
2      " 最大值为: " + byte.MaxValue);
3  Console.WriteLine("int 的最小值为: " + int.MinValue +
4      " 最大值为: " + int.MaxValue);
5  Console.WriteLine("long 的最小值为: " + long.MinValue +
6      " 最大值为: " + long.MaxValue);
```

(2) 运行结果。

```
byte 的最小值为: 0    最大值为: 255
int 的最小值为: -2147483648    最大值为: 2147483647
long 的最小值为: -9223372036854775808    最大值为: 9223372036854775807
```

可以看出，通过整数类型的 MinValue 属性和 MaxValue 属性可以访问该类型的最小值和最大值。

如果希望运算结果中的数字以二进制、十六进制、八进制的方式来显示，可以使用 Convert.ToString( )方法，如【例 4-4】。

视频 4.1: 进制

例 4.4 涉及进制的内容。数字的进制是计算机基础中的教学内容，如有读者不了解或未完全掌握，请观看本视频进行学习。

【例 4-4】 将十进制数转换为二进制、八进制和十六进制数。

(1) 示例代码。

```
1  int i = int.Parse(Console.ReadLine());  //读取键盘输入的数字
2  Console.WriteLine(i + "的二进制为: " + Convert.ToString(i, 2));
3  Console.WriteLine(i + "的八进制为: " + Convert.ToString(i, 8));
4  Console.WriteLine(i + "的十六进制为: " + Convert.ToString(i, 16));
```

(2) 运行结果。运行程序，输入一个整数，如 125，按 Enter 键，屏幕上显示如下。

```
125 的二进制为: 1111101
125 的八进制为: 175
125 的十六进制为: 7d
```

(3) 代码分析。第 1 行 Console.ReadLine( )方法的作用如下：程序运行到这句代码时会暂时停止运行，屏幕上光标闪动，等待用户输入一行字符，当用户输入完并按 Enter 键后，计算机即可通过 Console.ReadLine( )方法读取用户输入的字符。由于读取的是字符串类型，需要通过 int.Parse( )方法把用户输入的字符串转化成整数，并赋给整型变量 i。

Convert.ToString( )方法的作用是把一个整数转换为字符串。这个方法有 2 个参数(括号内的参数有多个时，多个参数之间用逗号分隔)，第 1 个参数表示将要被转换成字符串的整数，第 2 个参数表示将以什么样的方式显示这个数字。这里，2 代表以二进制的方式显示数字，8 代表以八进制的方式显示数字，16 代表以十六进制的方式显示数字。

注意：将上述代码输入 Visual Studio 中，Console.ReadLine()下方出现绿色波浪线报错。这是因为在 .NET 6.0 中，Console.ReadLine()方法的返回值被更改为一个可空类型，当没有输入任何内容就按 Enter 键，此方法会返回一个 null 值，从而导致 int.Parse()方法将 null 转化为整数时出错而引发异常。另外，如果输入的是字母或其他非数字类型，也会导致异常。可空类型是 C#高级语法，考虑到读者现在还处于初学者阶段，可以暂时忽略这个警告，程序依然可以正常运行。正常的字符串转整数应当使用 int.TryParse()方法，下面的代码进行了演示。这段代码使用到了后面的内容,为不对初学者造成困扰,本书后面将继续使用 int.Parse()方法解决类似问题。

```
int i;
bool success = int.TryParse(Console.ReadLine(), out i);
Console.WriteLine(i + "的二进制为: " + Convert.ToString(i, 2));
Console.WriteLine(i + "的八进制为: " + Convert.ToString(i, 8));
Console.WriteLine(i + "的十六进制为: " + Convert.ToString(i, 16));
```

有时用户输入的是二进制、八进制、十六进制的数字,而在程序中需要把它们显示成十进制数。这时,可以使用 Convert.ToInt32( )方法。

【例 4-5】 将二进制、八进制和十六进制数转换为十进制数。

(1) 示例代码。

```
1  string bin = "10111001";      //声明一个二进制数组成的字符串
2  string oct = "2516";          //声明一个八进制数组成的字符串
3  string Hex = "6A9B";          //声明一个十六进制数组成的字符串
4  //以下代码将所有字符串转化成十进制数显示
5  Console.WriteLine(Convert.ToInt32(bin, 2));
6  Console.WriteLine(Convert.ToInt32(oct, 8));
7  Console.WriteLine(Convert.ToInt32(Hex, 16));
```

(2) 运行结果。

```
185
1358
27291
```

(3) 代码分析。本例使用 Convert.ToInt32( )方法将数字组成的字符串转化成一个 32 位整数。这个方法的第 1 个参数表示将要被转化成数字的字符串,第 2 个参数指定这个字符串表示的是多少进制的整数。2 表示二进制,8 表示八进制,16 表示十六进制。

课堂练习 2:输入一个十六进制整数,输出此数字的二进制、八进制、十进制表现形式。

4.4 实型数据

4.4.1 实型常量

实数在 C#语言中又称为浮点数。实数有以下两种表示形式。

(1) 十进制数形式。十进制数由数字和小数点组成。例如,0.123、.123、123.0、0.0 都是十进制数形式。

(2) 指数形式。指数形式如 123e3 或 123E3 都代表 123×10^3。注意:字母 e(或 E)之前必须有数字,且 e(或 E)后的指数必须为整数。例如,e3、2e3.5、.e3、e 等都不是合法的指数形式。

4.4.2 实型变量

1. 浮点型

IEEE 754 标准规定了两种基本浮点格式：单精度和双精度。C#实现了表 4-3 列出的两种精度的浮点格式。其中，float 表示单精度浮点数，double 表示双精度浮点数。

表 4-3 两种精度的浮点格式

类 型	说 明	取值范围	精 度	其他名称
float	32 位浮点数	±1.5e-45 到±3.4e38	7 位	Single
double	64 位浮点数	±5.0e-324 到±1.7e308	15～16 位	Double

IEEE 754 标准是被业界广泛使用的标准。它的主要起草者是凯亨教授，凯亨教授设计了 8087 浮点处理器，并以此为基础形成了 IEEE 754 标准，凯亨教授也因此获得了 1989 年的图灵奖。要了解 IEEE 754 标准，可访问 IEEE 官网。

实型常量可以使用字母"F"(或"f")和"D"(或"d")为后缀。

(1) 以 F(或 f)为后缀的实数的类型为 float。例如，实数 1f、1.5f、1e10f 和 123.456F 的类型都是 float。

(2) 以 D(或 d)为后缀的实数的类型为 double。例如，实数 1d、1.5d、1e10d 和 123.456D 的类型都是 double。

默认情况下，赋值运算符("=")右侧不带后缀的实数会被 C#编译器自动认定为 double 类型。因此，应使用后缀 f(或 F)初始化 float 变量。

```
float x = 3.5f;
```

注意：如果把 3.5f 后面的"f"去掉，将导致编译错误(关于这一点将在稍后的数值的隐式转换中详细介绍)。

表 4-3 中的精度表示实数所能包含的有效位。

【例 4-6】 浮点格式的精度。

(1) 示例代码。

```
1  float f = 123456789f;
2  Console.WriteLine(f);
3  f = 12345.6789f;
4  Console.WriteLine(f);
```

(2) 运行结果。

```
123456790
12345.679
```

(3) 代码分析。float 类型最多只能包含 7 位有效数字，因此 123456789 存放在 float 类型中将会被舍去最后 2 位，并进行舍入计算，第 7 位数字由 7 变为 8。由此可知，float 类型的精度非常低，而且使用 float 类型和 double 类型进行混合运算时，往往会出现意想不到的结果。

【例4-7】 float 类型和 double 类型的混合运算。

(1) 示例代码。

```
1  float f = 2.58f;
2  double d = f + 6.1;
3  Console.WriteLine(d);
```

(2) 运行结果。

```
8.679999923706054
```

(3) 代码分析。出现错误的原因是 float 类型的小数部分的存储结构跟 double 类型的不同，在从 float 类型转换为 double 类型时出现了偏差。由于 C#默认把一个小数当成 double 类型，应当尽量使用 double 类型而不是 float 类型进行浮点运算。

浮点数在进行数学运算时不会抛出异常，如【例4-8】。

【例4-8】 浮点数运算。

(1) 示例代码。

```
1  Console.WriteLine(2e300 * 2e300);
2  Console.WriteLine(100d / 0d);
3  Console.WriteLine(0d / 0d);
```

(2) 运行结果。

```
∞
∞
NaN
```

(3) 代码分析。在第 1 行代码中，2e300*2e300 的结果超出了 double 的表示范围，这时返回正无穷大。对于第 2 行代码，在数学运算中，除数不能为 0，但在这里，除数为 0 的结果也是正无穷大。最后一行代码 0/0 返回"非数字"，表示为"NaN"。其实所有的这些结果都是根据 IEEE 754 标准得出的。

关于舍入，我国通行的标准是大家非常熟悉的四舍五入法，比如 1.25 保留小数点后 1 位，进行四舍五入后，结果为 1.3。但 IEEE 754 不支持四舍五入法。在 C#中，Math.Round( ) 方法用于将值舍入到最接近的整数或指定的小数位数。它有 2 个参数，第 1 个参数表示将要进行舍入的实数，第 2 个参数为整数，表示要保留小数点后几位数。

【例4-9】 银行家舍入法。

(1) 示例代码。

```
1  Console.WriteLine(Math.Round(1.24, 1));
2  Console.WriteLine(Math.Round(1.25, 1));
3  Console.WriteLine(Math.Round(1.26, 1));
4  Console.WriteLine(Math.Round(1.35, 1));
```

(2) 运行结果。

```
1.2
1.2
```

```
1.3
1.4
```

(3) 代码分析。从运行结果看，1.24、1.26 和 1.35 舍入后的值分别为 1.2、1.3 和 1.4，这与四舍五入法的结果完全一致；但 1.25 舍入后结果为 1.2。这是因为在 IEEE 754 标准中使用的是银行家舍入法(又称"就近舍入法"或"四舍六入五成双")。C#完全遵循 IEEE 754 标准。

银行家舍入法与四舍五入法只有一点不同，即对舍入位为 5 的舍入采用取最末保留位为偶数的方式。如图 4.1 所示，离 1.25 最近的 2 个只有 1 位小数的数字为 1.2 和 1.3，舍入的结果将选择最后一位为偶数的数字 1.2。同理，也可以推断出 1.35 舍入后为 1.4。

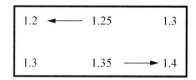

图 4.1 银行家舍入法

如果在求和计算中使用四舍五入法一直算下去，误差可能会越来越大。机会均等才公平，也就是向上和向下各占一半才合理。在大量计算中，从统计学角度来看，高 1 位分别是偶数和奇数的概率正好都是 50%。欧洲银行使用的就是银行家舍入法。

2. decimal 类型

decimal 表示 128 位数据类型。与浮点型相比，decimal 类型具有更高的精度和更小的范围，这使它适用于财务和货币计算。decimal 类型见表 4-4。

表 4-4 decimal 类型

类型	占用空间	取值范围	精度
decimal	128 位	±1.0e−28 到±7.9e28	28～29 位

如果希望实数被视为 decimal 类型，应使用后缀 m(或 M)。

```
decimal myMoney = 300.5m;
```

如果后缀没有 m(或 M)，数将被视为 double 类型，从而导致编译错误。

decimal 类型在进行数学运算时，如果出现超出范围或除零现象，将会抛出异常。建议进行财务货币计算时，统一使用 decimal 类型。

4.5 字符型数据

字符类型 char 用来处理 Unicode 字符。Unicode 字符是 16 位字符，用于表示世界上多数已知的书面语言。char 变量以无符号 16 位数字的形式存储，取值范围为 0～65535。

Unicode 的前 128 个编码(0～127)对应于标准键盘上的字母和符号。这前 128 个编码与 ASCII 字符集中定义的编码相同。随后的 128 个编码(128～255)表示特殊字符，如拉丁字母、重音符号、货币符号及分数。其余的编码用于表示不同种类的符号，包括世界范围的各种文本字符、音调符号，以及数学和技术符号。

4.5.1 字符常量

C#语言中的字符常量是用单引号括起来的一个字符。例如，'a'、'x'、'D'、'? '、'$'和'1'都是字符常量。注意：'a'和'A'是不同的字符常量。

除了以上形式的字符常量外，C#语言还允许使用一种特殊形式的字符常量，即以一个"\"开头的字符序列。例如，'\n'表示一个换行符。这种非显示字符难以用一般形式的字符表示，故规定用这种特殊形式表示。

常用的以"\"开头的特殊字符见表 4-5。

表 4-5 常用的以"\"开头的特殊字符

转义序列	字符名称	Unicode 编码
\'	单引号	0x0027
\"	双引号	0x0022
\\	反斜杠	0x005C
\0	空	0x0000
\a	警报	0x0007
\b	退格符	0x0008
\f	换页符	0x000C
\n	换行符	0x000A
\r	回车符	0x000D
\t	水平制表符	0x0009
\v	垂直制表符	0x000B

表 4-5 中列出的字符称为转义字符，意思是将反斜杠"\"后面的字符转变成另外的意义。"\"在 C#语言中已经被定义为转义字符标识，如果要输出它，需要使用"\\"。表的最后一列表示这个字符的十六进制 Unicode 编码，可以使用"\x"加上十六进制编码代表相应的字符。例如，"\n""\x000A""\xA"和"\xa"是同一个意思。

【例 4-10】 使用转义字符输出句子。

(1) 示例代码。

```
1  Console.Write("\"\x48\x65\x6c\x6c\x6f\r\n");
2  Console.Write("\x57\x6f\x72\x6c\x64\x21\"\a");
3  Console.ReadLine();
```

(2) 运行结果。在屏幕输出以下文字并发出一声警报。

```
"Hello
World!"
```

(3) 代码分析。本例使用转义字符在屏幕上输出"Hello World！"。多个转义字符在一起时可以把它们放在双引号内。在 Windows 操作系统中，"\r\n"表示换行，而在 UNIX

操作系统中"\n"表示换行。可以使用 Environment.NewLine 属性获得一个适合于当前操作系统的换行符。如可以把【例 4-10】的第 1 行代码改为以下内容。

```
Console.Write("\"\x48\x65\x6c\x6c\x6f" + Environment.NewLine);
```

4.5.2 字符变量

字符变量用来存放字符常量。注意：只能放一个字符，不要以为在一个字符变量中可以存放一个字符串(包括若干字符)。

字符变量的定义形式为

```
char c1, c2;
```

它表示 c1 和 c2 为字符型变量，各可以放一个字符。因此，可以用以下语句对 c1、c2 赋值。

```
c1 = 'a';
c2 = 'b';
```

一般用 2 个字节来存放 1 个字符，或者说 1 个字符变量在内存中占 2 个字节。

表 4-6 列出了一些常用的操作字符的方法。

表 4-6 常用的操作字符的方法

方法名称	作 用
Char.IsDigit( )	判断字符是否是十进制数字
Char.IsLetter( )	判断字符是否是字母
Char.IsLower( )	判断字符是否是小写字母
Char.IsUpper( )	判断字符是否是大写字母
Char.IsControl( )	判断字符是否是控制字符
Char.ToLower( )	将指定字符转换为小写
Char.ToUpper( )	将指定字符转换为大写

【例 4-11】 判断输入字符是否是数字或字母。

(1) 示例代码。

```
 1  for (char c = '\0';; c = Convert.ToChar(Console.ReadLine()))
 2  {
 3      if (char.IsDigit(c))          //判断字符是否是数字
 4      {
 5          Console.WriteLine(c+"这是一个数字");
 6      }
 7      else if (char.IsLetter(c))    //判断字符是否是字母
 8      {
 9          Console.WriteLine(char.ToUpper(c)+"是一个字母");
10      }
11  }
```

(2) 运行结果。

```
5
5 这是一个数字
h
H 是一个字母
?
G
G 是一个字母
```

(3) 代码分析。本例使用了判断和循环的知识，将在后面的章节讲述，这里只需要了解字符的一些常用方法的使用即可。第 1 行代码用一个循环从键盘读取用户所输入的字符，注意这里只能输入一个字符，超过一个字符将引发异常。第 9 行代码用 char.ToUpper( )方法将字符转化为大写并输出。如果用户输入的字符既非数字也非字母，将不会有任何反应。

课堂练习 3：输入一个字符，如果此字符为数字，则直接输出此数字，如果为字母，则输出此字母的大写形式。

4.6 字符串型数据

4.6.1 字符串常量

字符串是应用程序中使用较多的数据类型之一，字符串常量是由一对双引号括起来的字符序列。例如，

```
"How do yo do? "
"你好世界！"
"1234567890abcd"
```

都是字符串常量。它和字符常量不同，字符常量表示的是一个字符，字符串常量是包含多个字符的集合。不能将字符串常量赋给字符变量。

```
char c = "abc";    //错误：不能将字符串赋给字符变量
```

注意：初学者经常使用中文输入法的双引号来括住字符串，这是不符合常规的。中文标点符号只能出现在用英文标点符号""括起来的字符串内。

4.6.2 字符串变量

字符串变量用来存放字符串常量，它的定义形式如下所示。

```
string s1;                      //定义一个字符串变量 s1
string s2="Hello World! ";      //定义一个字符串变量 s2，并进行初始化
```

可以使用"+"号连接多个字符串，并生成一个新的字符串。

```
string s1 = "Hello ";
string s2 = s1 + "World!";     //s2 在运算完毕后的值为"Hello World!"
```

在程序中，一个文件的路径需要以字符串的形式来表示，如"C:\Docs\Source\a.txt"。通

过学习第 4.5 节字符型数据的内容可知,"\"被作为转义字符的标识,如果要表示一个反斜杠,必须使用"\\"。上述路径应该写成"C:\\Docs\\Source\\a.txt"。在 C#中有另一个更方便的解决方案:在字符串开始处使用"@",后面的"\"不会被作为转义字符处理。此时,上述路径就可以写成@"C:\Docs\Source\a.txt"。

对于字符串的搜索,可以使用 IndexOf( )方法在字符串中搜索指定的字符或字符串的索引。

【例 4-12】 字符串的搜索。

(1) 示例代码。

```
1   string s = "HELLO WORLD!";
2   Console.WriteLine(s.IndexOf('L'));
3   Console.WriteLine(s.IndexOf("OR"));
4   Console.WriteLine(s.IndexOf("OK"));
```

(2) 运行结果。

```
2
7
-1
```

(3) 代码分析。第 2 行代码表示寻找字符"L"在"HELLO WORLD!"中的位置,它将返回字符串中第 1 次出现"L"的位置的索引。索引从 0 开始算起,如图 4.2 所示。

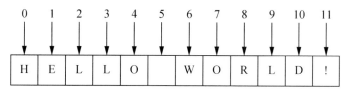

图 4.2 【例 4-12】字符串索引

第 3 行代码表示寻找字符串"OR"在"HELLO WORLD!"中的位置,如果找到,将返回"OR"的第 1 个字母"O"所在位置的索引。

第 4 行代码表示寻找字符串"OK"在"HELLO WORLD!"中的位置,由于无法找到,所以返回-1。返回-1 表示无法找到相匹配的字符或字符串。

常用的使用字符串的方法还有 Trim( )方法和 ToUpper( )方法。可以使用 Trim( )方法去除字符串两边的空格,使用 ToUpper( )方法把字符串内所有的字母转化为大写。

【例 4-13】 去除字符串两边的空格并将所有字母转化为大写。

(1) 示例代码。

```
1   string s = "  Hello World!  ";      //字符串常量两边带空格
2   s = s.Trim();                        //剪除变量 s 内含字符串的两边的空格
3   s = s.ToUpper();                     //把变量 s 内字符串全部变成大写
4   Console.WriteLine("[" + s + "]");    //为了显示字符串两边无空格,加上括号
```

(2) 运行结果。

```
[HELLO WORLD!]
```

4.7 隐式转换

隐式转换指的是 C#内部实现的将一种类型转化为另一种类型的过程，它不需要人为地编写代码去实现。隐式转换可能在多种情况下发生，包括在赋值语句中和数据间混合运算及调用方法时。例如以下表达式。

```
double d = 10f + 9 + 'a' + 2.5;
```

由于等号左边变量 d 是一个 double 类型，因此右边表达式的计算结果必须是一个 double 类型。由于各种数据类型间无法进行混合运算，因此在运算之前，必须把每个数据转化为同一种同时可以包容这几种数据的类型，由于 2.5 是 double 型，因此所有类型将先转换为 double 型后才进行计算。

(1) 10f 是一个 float 类型，它将被隐式转化为 double 型再进行运算。
(2) 9 被计算机认为是 32 位整型 int，在这里也需要被隐式转化为 double 型。
(3) 'a'是一个字符型数据，它的本质是一个 16 位无符号整数，也可以隐式转化为 double 型。'a'的 Unicode 编码是 97，这里它将被转化为双精度浮点数 97。
(4) 2.5 是一个实型常数，如果没有后缀，计算机默认将一个实型常数当作 double 型，不需要进行隐式转化。

最终，表达式将转化为 10d+9d+97d+2.5d，运算结果为 118.5。

对于数字而言，一种类型可以转换为哪几种类型不需要死记硬背，只需理解以下两个原则就可以了。

(1) 目标类型占用空间不能比原类型小。
(2) 目标类型的取值范围可以容纳原类型的取值范围。

```
int i = 128L;        //失败，long 占用 64 位的空间，int 占用 32 位的空间
int i = 100;         //32 位有符号整型变量
uint ui = 200;       //32 位无符号整型变量
long l = I;          //成功，int 隐式转换为 long
ulong ul = I;        //失败，int 类型包含负数，这是无符号整数所没有的
int j = ui;          //失败，uint 的一部分数值超出了 int 的取值范围
long k = ui;         //成功
int a = 2F;          //失败，浮点数无法隐式转换成整数
float f = I;         //成功，32 位整数可以转换为 32 位浮点数，但有可能损失精度
int b = 'a';         //成功，字符本身是一个 16 位无符号整数
```

但有两点例外。
(1) 不存在浮点型和 decimal 类型间的隐式转换。
(2) 不存在隐式转换到 char 类型。

```
int i = 'a';         //成功，i 的值为 97
char c = 97;         //失败，数字类型无法隐式转化为字符类型
```

需要注意，从 int、uint 转换为 float，以及从 long 转换为 double 都可能导致精度的损

失。这是因为 float 的有效位数是 7 位，而 int 的有效位数可以达到 10 位。

此外，有时在给 64 位整数赋值时也需要小心。

【例 4-14】 整型混合运算。

视频 4.2：整数运算中的溢出 1

要理解例 4-14 中的数字是如何溢出的，需要使用二进制的方式查看运算过程，本视频使用位运算器对运算过程进行了详细讲解。

(1) 示例代码。

```
1  int maxInt = int.MaxValue;
2  long n = maxInt+1;
3  Console.WriteLine(n);
```

(2) 运行结果。

```
-2147483648
```

(3) 代码分析。这样的结果会让人大吃一惊，long 型完全可以容纳 maxInt + 1 的值，为什么会出现溢出呢？这是因为在进行 maxInt + 1 的运算时，编译器首先会把"+"号两边的值转换成一个可以容纳它们的类型，而两个值都是 32 位整型，所以它们没有进行转换而直接进行计算。而计算结果存放在 int 内导致溢出后再转换为等号左边的 long 型，所以结果变为负数。实际上，如果直接把 maxInt 替换为常数值 2147483647，将无法通过编译。要解决这个问题，只需要把"+"两边值中的一个变为 long 型，这里可以把 1 变为 long 型，第 2 行代码进行如下改动就可以得到正确的结果。

```
long n = maxInt+1L;
```

4.8 显式转换

有时可能需要把一个 long 型转化为 int 型，或者把一个整型数据转化为字符类型，这时可以使用显式转换。显式转换其实是告诉编译器自己在做什么，并且知道这样做的后果。显式转换的一般形式如下所示。

类型 表达式

【例 4-15】 显示转换示例。

(1) 示例代码。

```
1  int i = (int)128L;        //成功，i 的值为 128
2  char c = (char)97;        //成功，c 的值为'a'
3  Console.WriteLine("i=" + i);
4  Console.WriteLine("c=" + c);
```

(2) 运行结果。

```
i=128
c=a
```

【例4-14】出现的问题也可以通过显式转换来解决,只需把maxInt强制转化为long即可得到正确的结果。

【例4-16】 【例4-14】的改写。

视频4.3:整数运算中的溢出2

视频对例4-16和例4-17的原理进行了详细讲解。

(1) 示例代码。

```
1  int maxInt = int.MaxValue;
2  long n = (long)maxInt + 1;    //把maxInt型强制转换成long型
3  Console.WriteLine(n);
```

(2) 运行结果。

```
2147483648
```

当把一个范围大的类型强制转化为范围小的类型时,有可能导致溢出。把【例4-16】稍加修改,如【例4-17】所示。

【例4-17】 【例4-16】的变形。

(1) 示例代码。

```
1  int maxInt = int.MaxValue;
2  long n = (long)maxInt*2 + 1;
3  int i = (int)n;  //强制转换
4  Console.WriteLine(i);
```

(2) 运行结果。

```
-1
```

实训指导

1. 实训目的

(1) 掌握各种类型变量的使用和相互间的转换方法。
(2) 掌握利用较简单的表达式实现程序逻辑的方法。
(3) 掌握逻辑运算符和关系运算符在程序中的应用。

2. 实训内容

本实训将制作一个非常简单的进制转换器，程序非常简单，但需要用到不少还未学习的知识点。在实训时对代码不必完全了解，而只关注已经学过的那部分知识即可。

3. 实训步骤

视频 4.4：进制转换器

视频对实训项目的制作过程进行了详细的讲解。

(1) 新建一个 MAUI 应用程序，并把项目命名为 BinConvert。
(2) 在 MainPage.xaml 文件中输入 UI 代码。

```xml
<?xml version="1.0" encoding="utf-8" ?>
<ContentPage xmlns="http://schemas.microsoft.com/dotnet/2021/maui"
        xmlns:x="http://schemas.microsoft.com/winfx/2009/xaml"
        x:Class="BinConvert.MainPage" Title="进制转换器">
    <Grid RowDefinitions="*,*" ColumnDefinitions="*,*,*,*">
        <Entry x:Name="entryCalc" Grid.ColumnSpan="4"
            HorizontalTextAlignment="End" FontSize="Medium" Margin="10"/>
        <RadioButton ZIndex="2" Content="二进制" Grid.Row="1" Margin="10"
            CheckedChanged="RadioButton_CheckedChanged"/>
        <RadioButton ZIndex="8" Content="八进制" Grid.Row="1"
            Grid.Column="1" Margin="10"
            CheckedChanged="RadioButton_CheckedChanged"/>
        <RadioButton ZIndex="10" Content="十进制"  Grid.Row="1" Grid.Column="2"
            Margin="10" IsChecked="true"
            CheckedChanged="RadioButton_CheckedChanged"/>
        <RadioButton ZIndex="16" Content="十六进制" Grid.Row="1"
            Grid.Column="3" Margin="10"
            CheckedChanged="RadioButton_CheckedChanged"/>
    </Grid>
</ContentPage>
```

进制转换器界面效果如图 4.3 所示。

图 4.3　进制转换器界面效果

(3) 在 MainPage.xaml.cs 中输入如下代码。

```csharp
int oldHex = 10;                         //记录当前所使用的进制
private void RadioButton_CheckedChanged(object sender,
                       CheckedChangedEventArgs e)
{   //将事件发起者转换为 RadioButton 控件
    RadioButton rdo = (RadioButton)sender;
    int newHex = rdo.ZIndex;             //将 ZIndex 中存放的数字存入 newHex
    if (entryCalc.Text != "")
    {   //获取文本框内的数字
        int oldNum = Convert.ToInt32(entryCalc.Text, oldHex);
        //转换为新的进制，并在文本框内显示
        entryCalc.Text = Convert.ToString(oldNum, newHex);
    }
    oldHex = newHex;   //记录新的进制
}
```

本实训所制作的进制转换器可用于将数字转换为各种进制。为了减少代码量，将所有单选按钮(RadioButton)生成一个共用事件，这意味着单击任何一个 RadioButton，都会执行 RadioButton_CheckedChanged( )事件方法里的代码。

第 1 行代码声明了一个整型变量 oldHex，用于存放当前文本框所显示数字的进制。需要注意的是，这行代码写在 MainPage 类里面，RadioButton_CheckedChanged( )方法的外面。写在类里面、方法外面的变量为成员变量。成员变量 oldHex 对于 MainPage 类里的所有方法可见。

第 4 和第 5 行代码的功能为获取用户单击的 RadioButton 所代表的进制。第 2 行代码 RadioButton_CheckedChanged( )事件中有一个 sender 参数，当某控件触发了一个事件，这个控件会被包装成 object 类型参数 sender 传递给事件方法。在事件方法中需要将它还原成本来的面目才能使用，第 4 行代码使用显式类型转换将 sender 转换为 RadioButton。

知道用户单击了哪个 RadioButton 后，还需要知道这个 RadioButton 所代表的进制。这个程序巧妙地将进制存放在每个 RadioButton 的 ZIndex 属性内。早期的 Windows 应用程序和 WPF 应用程序控件都有一个 Tag 属性，用于存放临时数据，而 MAUI 不存在 Tag 属性，ZIndex 属性表示控件在窗体内的叠放次序，对于本程序没有意义，所以借用来存储临时数据。

第 6 行代码是一个条件判断语句，将在第 7 章介绍，它判断文本框内的文本是否为空。

第 8 行代码的作用是获取文本框内的数字。注意文本框内不一定是十进制数字，为了得到正确的数字，必须使用 Convert.ToInt32( )方法进行转换。

第 9 行代码的作用是将数字转换为相应的进制，并在文本框内显示。

思考： 在程序运行时，如果在文本框内输入字母或在二进制状态下输入的数字不是 0 或 1，将会发生错误。在学习完本书第 10 章后才会对这类问题有完整的解决方案，到时大家可以尝试制作一个功能更为强大的进制转换器。

本 章 小 结

本章详细介绍了 C#语言中的各种基本数据类型及其相互间的转换，应重点掌握哪些数据类型间可以隐式转换，在什么条件下进行隐式转换，哪些数据类型间的转换又必须在显式下进行。

习 题

1. 填空题

(1) 一个无符号整型数据在内存中占 2 个字节(Byte)，则无符号整型数据的取值范围为_____。

(2) 符合 IEEE 754 标准的浮点格式包括_____和_____两种。

(3) 字符变量以 char 类型标识，它在内存中占_____位(bit)。

(4) 若有定义 char c = '\010'，则变量 c 中包含的字符个数为_____。

(5) 12 +'a'的结果为_____。

(6) Math.Round(2.24)=_____。

(7) char.IsDigit('b')的结果为_____。

(8) C#语言的各类数据类型之间提供两种转换：_____和_____。

2. 判断题

(1) 布尔类型只有两种值：真(true)和假(false)。　　　　　　　　　　( )
(2) "int a = 2.5" 语句定义了一个实数。　　　　　　　　　　　　　( )
(3) 在 C#语言中实数不能进行模运算。　　　　　　　　　　　　　　( )
(4) 在标识符的名称中不能包含空格。　　　　　　　　　　　　　　　( )
(5) 标识符 numberOfStudent、2count、_name、string 都是合法的。　　( )
(6) 变量在使用之前必须先对其进行初始化，之后无法再次改变它的值。( )
(7) 执行完 "int i,j,k = 100;" 后，i,j,k 的值都为 100。　　　　　　　( )
(8) 表达式 "18 / 4 * sqrt(4.0) / 8" 值的数据类型为 int。　　　　　　( )

3. 选择题

(1) 下列是合法标识符的是( )。
　　A. _book　　　　B. 5files　　　　C. +static　　　　D. -3.14159

(2) 下列代表单精度浮点数的是( )。
　　A. 0652　　　　B. 3.4457D　　　C. 0.298f　　　　D. 0L

(3) 下列代表十六进制整数的是( )。
　　A. 0123　　　　B. 1900　　　　 C. fa00　　　　　D. 0xa2

(4) 下列反斜杠字符的正确表示方式是(　　)。
　　A. \\　　　　B. *\\　　　　C. \　　　　D. \'\',
(5) 若有语句"char a;",要求把字符 a 赋给变量 a,下列表达式正确的是(　　)。
　　A. a="a"　　B. a='a'　　C. a="97"　　D. a='97'
(6) 已知字母 A 的 ASCII 码为十进制数 65,且 i 为整型,则执行语句"i='A'+'6'-'3'"后,i 的值为(　　)。
　　A. D　　　　B. 68　　　　C. 不确定的值　　D. C
(7) 设定义变量"char w; int x; float y; double z;",则表达式"w*x+z-y"值的数据类型为(　　)。
　　A. float　　B. char　　C. int　　D. double
(8) 下列隐式转换正确的是(　　)。
　　A. int i = 128L;　　B. int a = 2F;　　C. int b = 'a';　　D. int j = ui;

4. 简答题

(1) 说明 C#语言标识符命名规则。
(2) 简单说明银行家舍入法。

5. 编程题

(1) 字符检查。从键盘输入一个字符,检查输入的字符是否为字母或数字。如果不是,则在标签控件显示"您输入的是字母、数字以外的字符";如果是,则输出该字母或数字的整数值。

(2) 求圆的面积和周长。从键盘输入半径,求出圆的面积和周长并在文本框中显示。

(3) 编写一个程序,输入 3 个整数,求这 3 个数的和、积、平均值。

(4) 定义一个字符串"welcome",求出 e、c、m 在字符串中的位置。

(5) 从键盘输入小写字符串,将字符串转换为大写字符串。

第 5 章 运算符和表达式

教学提示

运算符和表达式是 C#语言中最基础也是最重要的一个部分,内容相对枯燥,但细细品味却乐趣无穷。它可以锻炼程序设计中的思考能力和思维方法。

教学要求

知识要点	能力要求	相关知识
运算符	(1) 熟练使用各种运算符 (2) 能够按操作数的数目来区分运算符	(1) 算术运算符的使用方法 (2) 逻辑运算符的使用方法 (3) 赋值运算符的使用方法 (4) 关系运算符的使用方法
表达式	(1) 熟练使用各类表达式 (2) 熟练使用混合表达式	(1) 各类表达式的使用方法 (2) 混合表达式的使用方法
运算符优先级	(1) 掌握各类运算符的优先级 (2) 掌握混合表达式中的计算顺序	(1) 运算符优先级顺序 (2) 运算符优先级在程序中的使用

表达式由操作数和运算符构成，运算符指示对操作数进行什么样的运算。C#语言中提供了大量的运算符。表 5-1 分类列举了 C#语言中的部分运算符。

表 5-1 C#语言中的部分运算符

类别	运 算 符
基本算术运算	+ - * / %
递增、递减	++ --
位移	<< >>
逻辑	& | ^ ! - && ||
赋值	= += -= *= /= %= &= |= ^= <<= >>=
关系	== != < > <= >=
字符串串联	+
成员访问	.
索引	[]
转换	()
条件运算	?:

运算符按所要操作的操作数的数目，又可分为以下 3 类。

(1) 一元运算符：一元运算符带 1 个操作数并使用前缀表示法(如–x)或后缀表示法(如 x++)。

(2) 二元运算符：二元运算符带 2 个操作数并且全都使用中缀表示法，如 x + y。

(3) 三元运算符：只有一个三元运算符，即?:，它带 3 个操作数并使用中缀表示法，如 c? x: y。

5.1 算术运算符

5.1.1 基本算术运算符

1. 加法运算符或正值运算符(+)

当+作为加法运算符时，为二元运算符，如 5+6。当+作为正值运算符时，为一元运算符，如+5(当然，这样写不会有任何意义)。

2. 减法运算符或负值运算符(-)

当-作为减法运算时，为二元运算符，如 5-6。当它作为负值运算符时，为一元运算符，如-5。

3. 乘法运算符(*)

*用于乘法运算，如 5*6。

4. 除法运算符(/)

/用于除法运算，如 5/6。需要注意的是，如果除数和被除数都为整数，则结果也为整数，它会把小数舍去(并非四舍五入)，如 5/3 的结果为 1，-5/3 的结果为-1。如果想让两个整数相除的结果为浮点数，则需要先把其中的一个整数强制转换为浮点数，如(double)5/3

的结果为 1.66666666666667。

5. 模运算符(%)

%用于计算第 2 个操作数除第 1 个操作数后的余数。在 C#语言中，所有数值类型都具有预定义的模数运算符。例如，5 % 2=1，-5 % 2=-1，5.0 % 2.2=0.6(double)型，5.0m % 2.2m=0.6(decimal)型。

5.1.2 递增、递减运算符

递增运算符(++)和递减运算符(--)是一元运算符，它们的作用是使变量的值增加 1 或减少 1。例如，++i 或--i 在使用 i 之前，先使 i 的值加 1 或减 1，i++或 i--在使用 i 之后，使 i 的值加 1 或减 1。

++i 和 i++都相当于执行 i = i + 1，只是执行的顺序会有所不同。

"j = i++；"相当于执行"j = i；i = i + 1；"，"j = ++i；"相当于执行"i = i + 1；j = i；"。

注意：递增、递减运算符只能用于变量，而不能用于常量或表达式，6++或(a+b)++都是不合法的。

5.1.3 位移运算符

视频 5.1：位运算的意义

视频介绍了位运算在实际编程中的应用，并通过一个故事给读者提出问题，进而引出位运算。

1. 左移运算符(<<)

视频 5.2：左移运算符

视频介绍了左移运算符的运算过程及意义。

左移运算符是一个二元运算符，用于位运算。它的作用是将第 1 个操作数向左移动第 2 个操作数指定的位数。第 2 个操作数的类型必须是 int。

【例 5-1】 左移运算符的应用。

(1) 示例代码。

```
1  int a = 45;                          //声明变量a，并赋初值为45
2  int b = a << 1;                      //把a值左移1位，并将结果赋给整数b
3  Console.WriteLine("a="+a+"b="+b);    //输出a和b的值
```

(2) 运行结果。

a 的二进制值为 00000000000000000000000000101101，十进制值为 45；
b 的二进制值为 00000000000000000000000001011010，十进制值为 90。

(3) 代码分析。上述操作使得所有位的数左移一位,因左移而在右边空出来的位数补 0,操作完成后,a 的值不变,b 的值变为 a 位移后的值。

可以看出,左移一位相当于把左边操作数乘 2 并返回。由此推出,如果位移多位,即 b = a << i,相当于把 $a \times 2^i$ 的结果赋给 b。

但此结论有应用条件。因左移使得高序位被摒弃,如果有 1 被摒弃,其结果就能使用上述结论了,如二进制数为 01110000000000000000000000000000,左移 2 位后结果为 11000000000000000000000000000000。此时,最左边的 2 个位 "01" 在左移完成后消失了。

注意:除非程序对速度的要求极其苛刻,否则不要使用左移来代替乘法运算。

综上,是否可以简单推理出任何 32 位的整数,如果左移 32 位以上,所有位的数都会被移出左边,其结果都会为 0?但事实上结果并非如此,1<<32 的结果为 1,而 1<<34 的结果为 4。由结果可知,1<<32 相当于 1<<0,而 1<<34 则相当于 1<<2,从而推断出:1<<i 相当于 1<<(i % 32)。这是因为 C#语言中规定:如果第 1 个操作数是 int 或 uint (32 位数)型,则移位数由第 2 个操作数的低 5 位给出(2^5=32);如果第 1 个操作数是 long 或 ulong(64 位数)型,则移位数由第 2 个操作数的低 6 位给出(2^6=64)。

2. 右移运算符(>>)

视频 5.3:右移运算符

视频介绍了右移运算符的运算过程及意义。

右移运算符和左移运算符类似,它的作用是将第 1 个操作数向右移动第 2 个操作数所指定的位数。第 2 个操作数的类型必须是 int。

【例 5-2】 右移运算符的应用。

(1) 示例代码。

```
1   int a = 45;                              //声明变量a,并赋初值为45
2   int b = a >> 1;                          //把a值右移1位,并将结果赋给整数b
3   Console.WriteLine("a=" + a + "  b=" + b); //输出a和b的值
```

(2) 运行结果。

```
a 的二进制值为 00000000000000000000000000101101,十进制值为 45;
b 的二进制值为 00000000000000000000000000010110,十进制值为 22。
```

(3) 代码分析。最右边的位(低位)被摒弃,高位补 0。和左移一样,如果第 1 个操作数为 int 或 uint(32 位数),则移位数由第 2 个操作数的低 5 位给出;如果第 1 个操作数为 long 或 ulong(64 位数),则移位数由第 2 个操作数的低 6 位给出。

有符号整数的最左边的位(最高位)用于存放符号。如果最高位为 0,表示这是一个正数;如果最高位为 1,表示这是一个负数。以下以 32 位有符号整数 int 为例。

二进制数 00000000000000000000000000000001 的十进制为 1;

二进制数 10000000000000000000000000000001 的十进制为-2147483647。

C#语言中规定,如果右移运算中的第 1 个操作数为 int 或 long 型,则最高位设置为符号位。如果第 1 个操作数为 uint 或 ulong 型,则最高位填充 0。这就是说,在对有符号整数 int 和 long 进行右移运算时,如果数字为正数,则最高位填充 0,如果数字为负数,则最高位填充 1。

【例 5-3】 带符号位的右移运算。

(1) 示例代码。

```
1  int a = -2147483647;
2  int b = a >> 3;              //把 a 值右移 3 位,并将结果赋给整数 b
3  Console.WriteLine(b);        //输出变量 b 的值
```

(2) 运行结果。

```
a 的二进制值为 10000000000000000000000000000001,十进制值为-2147483647;
b 的二进制值为 11110000000000000000000000000000,十进制值为-268435456。
```

5.2 逻辑运算符

逻辑运算符(见表 5-2)用于对二进制数进行按位操作,俗称位运算,位运算有着极其广泛的应用。

表 5-2 逻辑运算符

运算符	名 称	操作数类型
&	逻辑与运算符	整型、布尔型
|	逻辑或运算符	整型、布尔型
^	逻辑异或运算符	整型、布尔型
!	逻辑非运算符	布尔型
~	求补运算符	整型
&&	条件与运算符	布尔型
||	条件或运算符	布尔型

1. 逻辑与(逻辑 AND)运算符(&)

视频 5.4:逻辑与运算符

视频介绍了逻辑与运算符的运算过程及使用场景。

&可以用于整型和布尔型操作数。对于整型操作数来说,&计算操作数的逻辑按位"与";对于布尔型操作数来说,&计算操作数的逻辑"与"。

(1) 当操作数为布尔型时,当且仅当两个操作数均为 true 时,结果才为 true。

true & true 的结果为 true;

true & false 的结果为 false;

false & false 的结果为 false。

(2) 当操作数为整型时，则进行位运算，如 100 & 45 的结果为 36。

【例 5-4】 计算 100 & 45。

(1) 示例代码。

```
1  Console.WriteLine(100 & 45);
```

(2) 运行结果。

```
       00000000000000000000000001100100   (100)
AND    00000000000000000000000000101101   (45)
       00000000000000000000000000100100   (36)
```

(3) 代码分析。可以看到，只有当两个操作数相对应的位同为 1 时，计算结果中相对应的位才为 1，否则为 0。

&操作经常用于取整数中某个位的值。比如，要知道某个整数 a 的右数第 3 位的值是 0 还是 1，只需要把 a 与 4(二进制为 100)进行&运算即可。

a & 4 的结果为 0 表明 a 的右数第 3 位为 0；

a & 4 的结果不等于 0 表明 a 的右数第 3 位为 1。

思考：如何判断一个整数的低 3 位的值是否为"101"？

【例 5-5】 判断二进制数右数第 3 位是否为 1。

(1) 示例代码。

```
1  int a = 12;
2  int b = 9;
3  Console.WriteLine("a&4={0}", a & 4);   //输出 a&4 的值
4  Console.WriteLine("b&4={0}", b & 4);   //输出 b&4 的值
```

(2) 运行结果。

```
a&4=4
b&4=0
```

(3) 代码分析。a 的值为 12，二进制表示为 1100；b 的值为 9，二进制表示为 1001。数字 4 的二进制表示为(0100)，除了第 3 位为 1 外，其余的位都为 0，任何数与 0 进行&运算结果都为 0。当 a 的右数第 3 位为 1 时，第 3 位的结果才为 1，此时最终整个表达式的运算结果才不等于 0。

2. 逻辑或(逻辑 OR)运算符(|)

视频 5.5：逻辑或运算符

视频介绍了逻辑或运算符的运算过程及使用场景。

| 可以用于整型和布尔型操作数。对于整型操作数来说，| 计算操作数的逻辑按位"或"；对于布尔型操作数来说，| 计算操作数的逻辑"或"。

(1) 当操作数为布尔型时，当且仅当两个操作数均为 false 时，结果才为 false，或者说，只要有 1 个操作数为 true，结果就为 true。

true | true 的结果为 true；

true | false 的结果为 true；

false | false 的结果为 false。

(2) 当操作数为整型时，则进行位运算，如 100 | 45 的结果为 109。

```
      00000000000000000000000001100100    (100)
OR    00000000000000000000000000101101    (45)
      ────────────────────────────────
      00000000000000000000000001101101    (109)
```

可以看到，只有当两个操作数的相对应的位有 1 个为 1 时，计算结果中相对应的位为 1，只有当两个数都为 0 时结果才为 0。

| 操作经常用于设置整数中某个位的值为 1。比如，要设置某个整数 a 的右数第 3 位的值为 1，只需要把 a 与 4(二进制为 100)进行 | 运算即可。运算过程如图 5.1(只抽取后 4 位进行演示)所示。

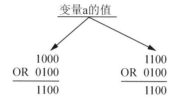

图 5.1 设置某个整数 a 的右数第 3 位的值为 1

根据以上计算过程可以看到，无论变量 a 的右数第 3 位的值是 0 还是 1，相应位的运算结果都为 1，而其他位的运算结果不变。

思考：如何将一个整数的低 3 位的值设置为 "101"(无论整数低 3 位为何值，设置后的结果都为 "101")？

3. 逻辑异或(逻辑 XOR)运算符(^)

视频 **5.6**：*逻辑异或运算符*

视频介绍了逻辑异或运算符的运算过程及使用场景。

^ 可用于整型和布尔型操作数。对于整型操作数来说，^ 计算操作数的按位"异或"；对于布尔型操作数来说，^ 计算操作数的逻辑"异或"。

(1) 当操作数为布尔型时，当且仅当只有一个操作数为 true 时结果才为 true。或者说，两个操作数相同时结果为 false，两个操作数不同时结果为 true。

true ^ true 的结果为 false；

true ^ false 的结果为 true；

false ^ false 的结果为 false。

(2) 当操作数为整型时，则进行位运算，如 100 ^ 45 的结果为 73。

```
              00000000000000000000000001100100    (100)
   XOR        00000000000000000000000000101101    (45)
              00000000000000000000000001001001    (73)
```

根据以上计算可以看到，只有当两个操作数的相对应的位不同时，计算结果中相对应的位为 1，当两个位相同时，结果才为 0。

^ 操作经常用于加密运算，一个整数对另一个整数进行两次异或运算，会得到原来的值。例如，65^30=95，95^30=65。

^ 运算也可以用于对整数某个位进行取反操作。比如，要将整数 a 的右数第 2 位取反，只需将 a 与 2(二进制的 0010)进行异或操作即可。运算过程如图 5.2 所示。观察运算结果可以发现，变量 a 的左数第 2 位由 0 变为 1 或由 1 变为 0，其他位不变。

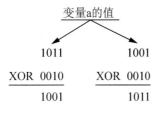

图 5.2 对整数 a 的右数第 2 位取反

4. 逻辑非(逻辑 NOT)运算符(!)

视频 5.7：逻辑非与求补运算符

视频介绍了逻辑非以及求补运算符的运算过程以及它们之间的异同。

! 只能用于布尔型数操作数，它是对操作数求反的一元运算符。当操作数为 false 时返回 true，当操作数为 true 时返回 false。

! false 的结果为 true；

! true 的结果为 false。

5. 求补运算符(~)

~ 的功能和 ! 的相似，可以被视为 ! 的整型版。~ 只能用于整型操作数，它对操作数执行按位求补运算，其效果相当于反转每一位。

~ 经常用于设置整数中某个位的值为 0。比如，要设置某个整数 a 的右数第 3 位的值为 0，运算过程如下。

(1) 对 4 进行求补运算。

4 的二进制表示为 00000000000000000000000000000100。

求补后的结果为 11111111111111111111111111111011。

(2) 将 4 求补后的数与 a 进行与运算，如图 5.3 所示(只抽取最后 4 位进行演示)。

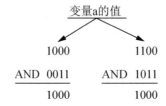

图 5.3 设置某个整数 a 的右数第 3 位的值为 0

根据以上计算过程可以看到，无论变量 a 的右数第 3 位数字是 0 还是 1，相应位的运算结果都为 0，而其他位的运算结果不变。

思考：如何将一个整数的某个位置零？

6. 条件与(条件 AND)运算符(&&)

视频 5.8：条件与运算符

视频介绍了条件与运算符以及其运算过程中的短路计算。

&&只能用于布尔型操作数，它与&运算符的功能完全一样，执行布尔型操作数的逻辑"与"运算。

true && true 的结果为 true；
true && false 的结果为 false；
false && false 的结果为 false。

注意：&&运算符与&运算符的区别在于，&&运算符不能对整型操作数进行计算。另外，对于 x && y，如果 x 为 false，则不计算 y，因为不论 y 为何值，"与"操作的结果都为 false。这被称为"短路"计算。也就是说，使用&&运算符进行条件计算，比使用&运算符速度更快些。

7. 条件或(条件 OR)运算符(||)

视频 5.9：条件或运算符

视频介绍了条件或运算符以及其运算过程中的短路计算。

|| 运算符和 && 运算符一样，只能用于布尔型操作数，它与 | 运算符的功能完全一样，执行布尔型操作数的逻辑"或"运算。

true || true 的结果为 true；
true || false 的结果为 true；
false || false 的结果为 false。

注意：|| 运算符与|运算符的区别在于，|| 运算符不能对整型操作数进行计算。另外，它也会进行"短路"计算，即对于 x || y，如果 x 为 true，则不计算 y，因为不论 y 为何值，"或"操作的结果都为 true。

&& 运算符和 || 运算符大量运用于条件判断语句。&&运算符相当于汉语的"并且"。比如"如果有钱并且有足够的时间，我就去桂林旅游"这句话表明，只有同时满足了有钱和有时间这两个条件，结果(去旅游)才能成立，两个条件缺一不可。|| 运算符相当于汉语的"或者"。比如"去桂林可以坐火车去，也可以坐飞机去"这句话表明，只要满足其中任何一个条件，结果(到达桂林)都能成立。

	视频 5.10：位运算示例
	视频呼应了视频 5.1，对其遗留下的问题给出了解答方案。

5.3 赋值运算符和表达式

赋值符号(=)就是赋值运算符，它的作用是将一个数据赋给一个变量。比如，x=10 的作用是执行一次赋值操作，把常量 10 赋给变量 x。string s="abcdef"是声明一个字符串变量 s，并把字符串"abcdef"赋给 s。=运算符两侧的操作数的类型必须一致，或者右边的操作数必须可以隐式转换为左边操作数的类型。

5.3.1 复合赋值运算符

一方面，为了简化程序，使程序看上去精练；另一方面，为了提高编译效率。C#语言允许使用复合赋值运算符。在赋值运算符前面加上其他运算符，就构成了复合赋值运算符。如果在=前加一个+运算符，就成为复合赋值运算符+=。例如，

a += 10 等价于 a = a + 10；

x *= y + 6 等价于 x = x * (y + 6)；

x %= 5 等价于 x = x % 5。

以 a += 10 为例来说明，它相当于使 a 进行一次自加 10 的操作。也就是说，先计算 a 加 10，再把结果赋给 a。同样，x *= y + 6 的功能是使 x 乘以(y+6)，再将结果赋给 x。为了方便记忆，可以这样理解。

(1) a+=b(其中 a 为变量，b 为表达式)。

(2) a+=b(将有下画线的 a+移到=的右侧)。

(3) a=a+b(在=的左侧补上变量名)。

注意：如果 b 是包含若干项的表达式，则相当于它有圆括号。

例如下面的运算。

(1) x%=y+3。

(2) x%= (y+3)。

(3) x=x%(y+3)。(注意不要写成 x=x%y+3。)

初学者对于 a=a+1 这样的表达式可能会感到疑惑，因为在数学中，这样的式子肯定是不对的，a 怎么会等于 a+1 呢？在 C#语言中等号是用来赋值的，a=a+1 表示先取出变量 a 的值加 1，得到的结果再赋给变量 a。数学中的等于号在 C#语言中用关系运算符 == 来表示更贴切些。

C#语言规定可以使用 10 种复合赋值运算符。
(1) +=：加法赋值运算符。
(2) −=：减法赋值运算符。
(3) *=：乘法赋值运算符。
(4) /=：除法赋值运算符。
(5) %=：取模赋值运算符。
(6) &=：与赋值运算符。
(7) |=：或赋值运算符。
(8) ^=：异或赋值运算符。
(9) <<=：左移赋值运算符。
(10) >>=：右移赋值运算符。

5.3.2 赋值表达式

由赋值运算符将一个变量和一个表达式连接起来的式子称为赋值表达式。它的一般形式为

```
<变量> <赋值运算符> <表达式>
```

例如，a = 5 就是一个赋值表达式。

对赋值表达式求解的过程是将赋值运算符右侧的表达式的值赋给左侧的变量。而表达式又可以是一个赋值表达式，如以下 4 种情况。

(1) a = b = c = 6 表示把 6 分别赋给 a、b、c，运行完毕后，a、b、c 的值都为 6。

(2) a = 6 + (c = 5) 表示把 5 赋给变量 c，再把 5+6 的值赋给变量 a。运行完毕后，a 的值为 11，c 的值为 5。

```
c = 5;
a = 6 + c;
```

(3) a = (b = 7) + (c = 8)。运行完毕后，a 的值为 15，b 的值为 7，c 的值为 8。

```
b = 7;
c = 8;
a = b + c;
```

(4) a = (b = 10) / (c = 2)。运行完毕后，a 的值为 5，b 的值为 10，c 的值为 2。

```
b = 10;
c = 2;
a = b / c;
```

注意：虽然以上赋值表达式(包括本章后面的一些代码)看上去非常简洁，但还是不建议使用以上方式书写代码(a=b=c=6 这种形式除外)，因为这样的代码很容易使阅读这些代码的人变得无所适从。大多数时候，应该把程序的可读性放在第一位。在这里介绍它们的用意是让初学者见识这类代码，以达到更好地领会概念及锻炼逻辑思维的目的。

5.4 关系运算符和关系表达式

关系运算实际上是比较运算，即将两个值进行比较，判断比较的结果是否符合给定的条件。例如，x > 5 是一个关系表达式，>是一个关系运算符，如果 x 的值为 6，则满足给定的 x > 5 的条件，因此关系表达式的值为 true；如果 x 的值为 3，则不满足 x > 5 的条件，则关系表达式的值为 false。

5.4.1 关系运算符

C#语言规定可以使用以下 6 种关系运算符。

(1) ==：等于。
(2) !=：不等于。
(3) <：小于。
(4) >：大于。
(5) <=：小于或等于。
(6) >=：大于或等于。

注意：初学者很容易把=和==搞混。一定要记住，=是赋值运算符，而==是关系运算符。
a = 3 表示把整数 3 赋给变量 a；
a == 3 表示把 a 的值与 3 进行比较，并返回 true 或 false。

【例 5-6】 =和==的区别。

(1) 示例代码。

```
1   int a;
2   Console.WriteLine(a=3);
3   Console.WriteLine(a==3);
```

(2) 运行结果。

```
3
true
```

(3) 代码分析。第 1 行声明了一个变量 a，并没有赋初值。第 2 行代码把 3 赋给变量 a 并输出表达式的结果，即显示 3。第 3 行代码输出表达式 a==3 的值，由于第 2 行代码使 a 的值变为 3，所以这里 a == 3 返回 true。

5.4.2 关系表达式

用关系运算符将两个表达式连接起来的式子，称为关系表达式。

```
a > 3;
a * b >= c + d;
(a = 6) > (b = 7);
'a' != 'b';
'a' > 3;
```

关系表达式的值是布尔型值(或者说关系表达式返回一个布尔型值)，即 true 或 false。例如，关系表达式 6 == 2 的值为 false，6 >= 0 的值为 true。

5.5 字符和字符串运算符

由于字符可以隐式转换为整型(字符的 Unicode 编码值)，所以很多时候，字符会被当作一个整型数值来处理。例如，

'a'+ 6 的结果为 103，字符 a 被隐式转换为 97，再与 103 相加；

'a' * 'b'的结果为 9506，相当于 97*98；

'a'> 'b'的结果为 false。

在 C#语言中，+运算符又可以作为字符串串联运算符，在字符串运算中它起到连接字符串的作用。例如，

"a"+ "b"的结果为"ab"；

"早上" + "好!"的结果为"早上好!"。

字符在跟字符串进行加法运算时，也会被转换为字符串进行处理。例如，'a'+"bcdef"的结果为"abcdef"。由于+运算符可以用于字符串操作，所以'a'首先被隐式转换为字符串"a"，再与字符串"bcdef"进行连接操作。

5.6 其他运算符

1. 点运算符

点运算符(.)用于成员访问。点运算符指定类型或命名空间的成员，可以把它理解为中文的"……的……"。比如，TextBox 类的对象 txtName 有一个 Text 属性，可以使用 txtName.Text 来访问它。

```
txtName.Text = "张三";           //文本框内显示"张三"这两个字
string str = txtName.Text;      //把 Text 属性的值赋给字符串变量 str
```

txtName.Text 可以读成"txtName 的 Text 属性"。

2. 索引运算符

索引运算符([ ])用于数组、索引器，表示按[ ]内指定的索引去访问数组或索引器中相应元素的内容。数组将在第 7 章介绍。

3. 转换运算符

转换运算符( )除了指定表达式中的运算顺序外，还可以指定强制转换或类型转换。例如，x + (y + z)中 y + z 用( )括起来表示先执行 y+z。

(int)12.3 表示把 Double 类型的值 12.3 强制转换为整型，结果为 12。

(char)97 表示把整数 97 强制转换为字符类型，结果为 a。

4. 条件运算符

条件运算符(?:)根据布尔型表达式的值返回两个值中的一个。条件运算符要求有 3 个操作对象，它是 C#语言中唯一的三元运算符。条件运算符的格式如图 5.4 所示。

图 5.4　条件运算符的格式

由图 5.4 可知，先求解条件，若为 true，则求解表达式 1，此时表达 1 的值就作为整个条件表达式的值；若条件为假 false，则求解表达式 2，表达式 2 的值就是整个条件表达式的值。

max = a > b ? a : b 的执行结果就是将条件表达式的值赋给 max，也就是将 a 和 b 中大的值赋给 max。其中 a > b ? a : b 为条件表达式，a>b 是条件。如果 a>b 返回 true，则条件表达式的值为 a 的值，并把它赋给 max。如果 a>b 返回 false(a 小于或等于 b)，则条件表达式的值为 b 的值，并把它赋给 max 的值。

需要注意的是，条件运算中的条件必须是一个关系表达式，也就是说，这个表达式必须返回一个布尔值。例如，max = a-b ? a : b 是错误的，a-b 不会返回一个布尔值。

【例 5-7】　条件运算符的应用。

(1) 示例代码。

```
1  int a = 3;
2  int b = 4;
3  int max = a > b ? a : b;        //取 a 和 b 中大的值赋给变量 max
4  Console.WriteLine(max);
```

(2) 运行结果。

```
4
```

5.7　运算符的优先级

当表达式包含多个运算符时，运算符的优先级控制各运算符的计算顺序。例如，表达式 x+y*z 按 x+(y*z) 计算，显然*运算符的优先级比+运算符的高。

表 5-3 列出了运算符从高到低的优先级顺序。

当操作数出现在具有相同优先级的两个运算符之间时，运算符的顺序关联性控制运算的执行顺序。

(1) 除了赋值运算符和条件运算符外，所有的二元运算符都从左向右执行运算。例如，x+y+z 按(x+y)+z 计算。

(2) 赋值运算符和条件运算符从右向左执行运算。例如，x=y=z 按 x=(y=z)计算。

优先级和顺序关联性都可以用圆括号控制。例如，x + y * z 先将 y 乘以 z，再将结果与 x 相加；而(x + y) * z 先将 x 与 y 相加，再将结果乘以 z。

表 5-3 运算符从高到低的优先级顺序

类别	计算顺序	运算符
基本		x.y f(x) a[x] x++ x--
一元		+x -x !x ~x ++x --x (T)x
乘除		* / %
加减		+ -
位移		<< >>
关系		< > <= >=
相等		== !=
逻辑 AND		&
逻辑 XOR		^
逻辑 OR		|
条件 AND		&&
条件 OR		||
条件		?:
赋值		= *= /= %= += -= <<= >>= &= ^= |=

(左侧箭头：高 → 低)

5.7.1 算术运算符的优先级

【例 5-8】 计算-a++。

(1) 示例代码。

```
1  int a = 3;
2  int b = -a++;
3  Console.WriteLine(a);
4  Console.WriteLine(b);
```

(2) 运行结果。

```
4
-3
```

(3) 代码分析。-a++是按(-a)++运算还是按-(a++)来运算呢？查看表 5-3 可知，a++的优先级大于-a，并且，(-a)是一个表达式，前面已经提到过，表达式不能进行自加运算，(-a)++是不合法的，所以，以上程序是按-(a++)进行运算的。因为 a++是在表达式运算完毕后再进行自加的，所以首先让 b 的值等于-a，也就是-3，然后 a 进行自加得 4。

【例 5-9】 计算-++a。

(1) 示例代码。

```
1  int a = 3;
2  int b = -++a;
3  Console.WriteLine(a);
4  Console.WriteLine(b);
```

(2) 运行结果。

```
4
-4
```

(3) 代码分析。-++a 是按-(++a)进行计算的。先对 a 进行自加，变为 4，再把-a 的值赋给变量 b。

如果把-++a 改为---a 或者+++a，则编译器会报错，这是因为-a 与--a 具有相同的优先级，这时编译器会把它变为--(-a)，而(-a)是一个表达式，并不能进行自加或自减，所以这样的表达式是错误的。

5.7.2 关系运算符的优先级

通过观察表 5-2 可以对关系运算符的优先级总结出如下几点。

(1) <、>、<=、>=这 4 种关系运算符的优先级相同，而==和!=这两种关系运算符的优先级相同。前 4 种高于后两种。

(2) 关系运算符的优先级低于算术运算符的优先级。

(3) 关系运算符的优先级高于赋值运算符的优先级。

三类基础运算符的优先级顺序如图 5.5 所示。

例如以下等效关系。

a > b + c 等效于 a > (b + c)；

a + b != a * b 等效于(a + b) != (a * b)；

a == b > c 等效于 a == (b > c)。(其中 a 必须为一个布尔值)

a = b > c 等效于 a = (b > c)。(其中 a 必须为一个布尔值)

表达式 a-3>b=5-c 是错误的，下面对它进行分析。在这个表达式里，由于优先级最高的是两个减号，所以表达式变为(a - 3) > b = (5 - c)；而关系运算符的优先级高于赋值运算符，所以表达式进一步演化为((a - 3) > b) = (5 - c)，这意味着要给一个表达式赋值，这是不合法的，编译不能通过。这时，只需将表达式变为 a - 3 > (b = 5 - c)，表达式就合法了。这里仍需要注意，由于=的优先级低于-，所以表达的意思是 a - 3 > (b = (5 - c))。如果是希望先给 b 赋初值 5 再进行运算，就需要把表达式改为 a - 3 > ((b = 5) - c)。

5.7.3 逻辑表达式和运算符的优先级

用逻辑运算符将关系表达式或逻辑量连接起来的就是逻辑表达式。逻辑表达式的值是布尔型，也就是说，它只能返回 true 或 false。在一个逻辑表达式中，通常使用 3 种运算符，按优先级从高到低的顺序进行如下排列：! > && > ||。

逻辑运算符中的&&和||的优先级低于关系运算符的优先级，!的优先级高于算术运算符的优先级。它们的关系如图 5.6 所示。

a > b && x > y 的计算顺序为(a > b) && (x > y)；

a == b || x == y 的计算顺序为(a == b) || (x == y)；

!a || a > b 的计算顺序为(!a) || (a > b)。

在逻辑表达式中，尽量不要使用自加或自减运算符，否则有可能会出现意想不到的结果。

图 5.5 三类基础运算符的优先级顺序　　图 5.6 逻辑运算符与三类基础运算符的优先级顺序

【例 5-10】 自加运算符在逻辑表达式中的应用。

(1) 示例代码。

```
1  int a = 3;
2  bool b = a++ < 2 || a == 4;
3  Console.WriteLine(b);
```

(2) 运行结果。

```
true
```

(3) 代码分析。对于表达式 a++ < 2 || a == 4，由于||运算符的优先级最低，所以执行顺序为 (a++ < 2) || (a == 4)。

首先，执行 a++<2，这时 a 的值为 3，3<2 返回 false，执行完后，a 进行自加变为 4。然后，执行表达式(a == 4)，由于 a 的值为 4，所以返回 true。这样整个表达式变为 false || true，程序的运行结果为 true。

现在看这个表达式没有什么问题，但是如果调换||运算符两边的表达式位置，变为 a == 4 || a++ < 2。再次运行，发现结果居然变成了 false。同样的表达式，只是调换了一下位置，为什么结果会变呢？下面来进行分析。

表达式首先执行(a==4)，由于这时 a 的值为 3，所以返回 false。然后执行 a++< 2，这时，a 的值仍为 3，3<2 返回 false。这样，整个表达式变为 false || false，程序的运行结果为 false。

在逻辑表达式中，并不是所有的逻辑运算符都被执行，只是在必须执行下一个逻辑运算符才能求出表达式的解时，才执行该运算符。

a && b && c。只有 a 为 true 时，才需要判断 b 的值(如果 a 为 false，整个表达式的值肯定为 false)。只有 a 和 b 都为 true 时，才需要判断 c 的值。为了验证这种情况，将前面的例子进行小小的修改。

【例 5-11】 逻辑运算符&&在逻辑表达式中的应用。

(1) 示例代码。

```
1  int a = 3;
2  bool b = (a == 4) && (a++ < 2);    //把||改为&&
3  Console.WriteLine(a);              //注意这里改为输出 a 的值
```

(2) 运行结果。

```
3
```

(3) 代码分析。从运行结果可以看到，a 的值没有任何改变。这是因为，首先执行表达式(a==4)，而 a 的值为 3，所以返回 false，这样就跳过表达(a++ < 2)，直接把 false 赋给变量 b。a++没有被执行，a 的值自然就没有改变了。这个例子更进一步地说明了为什么不要在逻辑表达式中使用自加或自减操作符。另外，也说明在写程序遇到类似情况时，尽量把最有可能为假的表达式放在最前面，并把最有可能为真的表达式放在最后面。这样可以减少程序的运算量，加快运行速度。

a || b || c。只要 a 为 true，就不必判断 b 和 c(如果 a 为 true，整个表达式的值肯定为 true)。只有 a 和 b 都为 false 时，才判断 c。为了验证，把例 5-11 进行小小的修改。

【例 5-12】 逻辑运算符||在逻辑表达式中的应用。

(1) 示例代码。

```
1  int a = 3;
2  bool b = (a == 3) || (a++ < 2);        //把&&改为||，a==4 改为 a==3
3  Console.WriteLine(a);
```

(2) 运行结果。

```
3
```

(3) 代码分析。a 的值还是没有改变。这是因为首先执行表达式(a==3)，返回 true，所以不再执行后面的表达式，即没有执行 a++，这样 a 的值就没有改变了。在写程序时，如果遇到类似情况，尽量把最有可能为真的表达式放在最前面，并把最有可能为假的表达式放在最后面。

熟练掌握 C#语言的关系运算符和逻辑运算符后，可以巧妙地用一个逻辑表达式来表示一个复杂的条件。例如，判别某一年是否为闰年。闰年的判断条件是符合下面二者之一：①能被 4 整除，但不能被 100 整除；②能被 400 整除。

【例 5-13】 判断某一年是否为闰年。

(1) 示例代码。

```
1  int year=2007;
2  bool b = year % 4 == 0 && year % 100 != 0 || year % 400 == 0;
3  Console.WriteLine(year + "年" +(b ? "是" : "不是") + "闰年");
```

(2) 运行结果。

```
2007 年不是闰年
```

(3) 代码分析。在第 2 句代码中，由于&&和 || 运算符的优先级低于关系运算符和算术运算符，所以逻辑表达式可以改为以下内容。

```
(year % 4 == 0) && (year % 100 != 0) || (year % 400 == 0)
```

因为&&的优先级高于||，所以逻辑表达式的最终运算顺序为以下内容。

```
((year % 4 == 0) && (year % 100 != 0)) || (year % 400 == 0)
```

如果 year 为闰年，则返回 true，否则返回 false，并将返回值赋给布尔型变量 b。

可以加一个"!"用来判别非闰年。

```
bool b = !(year % 4 == 0 && year % 100 != 0 || year % 400 == 0);
```

使用如下表达式也能达到相同的效果。

```
bool b = year % 4 != 0 && year % 100 == 0 || year % 400 != 0;
```

第3句代码中的(b?"是":"不是")使用的是三元运算符,首先判别 b 的值是 true 还是 false,如果为 true,则表达式返回"是",否则返回"不是"。由于三元运算符?:的优先级最低,所以如果把它两边的圆括号去掉,整个表达式便变为以下内容。

```
year + "年" + b ? "是" : "不是" + "闰年"。
```

则编译器报错,这样会使表达式的运算顺序变为以下内容。

```
(year + "年" + b) ? "是" : ("不是" + "闰年")。
```

这显然不是原来的意图,也不能通过编译。

实 训 指 导

1. 实训目的

(1) 掌握应用程序的基本编写方法。
(2) 能够使用较简单的表达式实现程序逻辑。
(3) 掌握逻辑运算符和关系运算符在程序中的应用。
(4) 掌握混合表达式在程序中的应用。

2. 实训内容

使用 MAUI 制作一个可以进行加、减、乘、除计算的计算器。

3. 实训步骤

视频 5.11:简易计算器-1

视频演示了实训项目的界面制作过程。

(1) 新建一个 MAUI 应用程序,并将项目命名为 Calc。
(2) MainPage.xaml 中的 UI 代码。

```
<Grid RowDefinitions="2*,*,*,*,*" ColumnDefinitions="*,*,*,*"
    BackgroundColor="Gray" ColumnSpacing="1" RowSpacing="1">
    <Label x:Name="lblResult" Grid.ColumnSpan="4"
        BackgroundColor="White" FontAttributes="Bold"
        FontSize="48" HorizontalTextAlignment="End"
        Text="0" TextColor="Orange"
        VerticalTextAlignment="Center"/>
    <Button Grid.Row="1" Grid.Column="0" FontSize="36"
```

```xml
            BackgroundColor="LightGray" Text="1"
            TextColor="DarkGray" CornerRadius="0"
            Clicked="OnNum_Clicked"/>
<Button Grid.Row="1" Grid.Column="1" FontSize="36"
        BackgroundColor="LightGray" Text="2"
        TextColor="DarkGray" CornerRadius="0"
        Clicked="OnNum_Clicked"/>
<Button Grid.Row="1" Grid.Column="2" FontSize="36"
        BackgroundColor="LightGray" Text="3"
        TextColor="DarkGray" CornerRadius="0"
        Clicked="OnNum_Clicked"/>
<Button Grid.Row="2" Grid.Column="0" FontSize="36"
        BackgroundColor="LightGray" Text="4"
        TextColor="DarkGray" CornerRadius="0"
        Clicked="OnNum_Clicked"/>
<Button Grid.Row="2" Grid.Column="1" FontSize="36"
        BackgroundColor="LightGray" Text="5"
        TextColor="DarkGray" CornerRadius="0"
        Clicked="OnNum_Clicked"/>
<Button Grid.Row="2" Grid.Column="2" FontSize="36"
        BackgroundColor="LightGray" Text="6"
        TextColor="DarkGray" CornerRadius="0"
        Clicked="OnNum_Clicked"/>
<Button Grid.Row="3" Grid.Column="0" FontSize="36"
        BackgroundColor="LightGray" Text="7"
        TextColor="DarkGray" CornerRadius="0"
        Clicked="OnNum_Clicked"/>
<Button Grid.Row="3" Grid.Column="1" FontSize="36"
        BackgroundColor="LightGray" Text="8"
        TextColor="DarkGray" CornerRadius="0"
        Clicked="OnNum_Clicked"/>
<Button Grid.Row="3" Grid.Column="2" FontSize="36"
        BackgroundColor="LightGray" Text="9"
        TextColor="DarkGray" CornerRadius="0"
        Clicked="OnNum_Clicked"/>
<Button Grid.Row="4" Grid.Column="0" FontSize="36"
        BackgroundColor="LightGray" Text="0"
        TextColor="DarkGray" CornerRadius="0"
        Clicked="OnNum_Clicked"/>
<Button Grid.Row="4" Grid.Column="1" FontSize="36"
        BackgroundColor="LightGray" Text="C"
        TextColor="DarkGray" CornerRadius="0"
        Clicked="OnClear_Clicked"/>
<Button Grid.Row="4" Grid.Column="2" FontSize="36"
        BackgroundColor="LightGray" Text="="
        TextColor="DarkGray" CornerRadius="0"
        Clicked="OnClac_Clicked"/>
```

```
    <Button Grid.Row="1" Grid.Column="3" FontSize="36"
        BackgroundColor="BlueViolet" Text="+"
        TextColor="White" CornerRadius="0"
        Clicked="OnOper_Clicked"/>
    <Button Grid.Row="2" Grid.Column="3" FontSize="36"
        BackgroundColor="BlueViolet" Text="-"
        TextColor="White" CornerRadius="0"
        Clicked="OnOper_Clicked"/>
    <Button Grid.Row="3" Grid.Column="3" FontSize="36"
        BackgroundColor="BlueViolet" Text="*"
        TextColor="White" CornerRadius="0"
        Clicked="OnOper_Clicked"/>
    <Button Grid.Row="4" Grid.Column="3" FontSize="36"
        BackgroundColor="BlueViolet" Text="/"
        TextColor="White" CornerRadius="0"
        Clicked="OnOper_Clicked"/>
</Grid>
```

简易计算器的界面如图 5.7 所示。

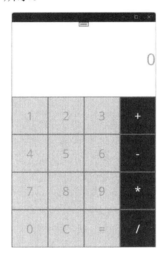

图 5.7　简易计算器的界面

视频 5.12：简易计算器-2

视频第二节讲解了实训项目逻辑代码的实现。

(3) MainPage.xaml.cs 中的程序代码。

```
1   double num1, num2;
2   /* state 的值
3    * 0：正在输入 num1 的状态
4    * 1：正在输入运算符之后的状态
```

```
 5     * 2：正在输入 num2 的状态
 6     * 3：按下等号之后的状态
 7     */
 8    int state = 0;
 9    string oper = string.Empty;
10
11   public MainPage()
12   {
13       InitializeComponent();
14   }
15
16   //按下数字键时发生的事件
17   private void OnNum_Clicked(object sender, EventArgs e)
18   {
19       Button button = sender as Button;
20       if (state == 1)
21       {   //如果之前刚按下运算符，则开始输入 num2
22           lblResult.Text = "";
23           state = 2;
24       }
25       else if (state == 3)
26       {   //如果之前刚按下等号，按数字则重新开始
27           lblResult.Text = "";
28           state = 0;
29       }
30       lblResult.Text += button.Text;
31       double num = double.Parse(lblResult.Text);
32       //程序到达这里 state 的值只能为 0 或 2
33       //如果为 0，则将标签中的数字赋给 num1
34       //如果为 1，则将标签中的数字赋给 num2
35       if (state == 0)
36       {
37           num1 = num;
38       }
39       else
40       {
41           num2 = num;
42       }
43       lblResult.Text = num.ToString();
44   }
45
46   //按下等号时发生的事件
47   private void OnClac_Clicked(object sender, EventArgs e)
48   {
49       Calculate();
50       state = 3;
51   }
```

```csharp
52
53  //自定义方法：进行加减乘除计算并显示结果
54  private void Calculate()
55  {
56      if (lblResult.Text != "0" && state != 0)
57      {   //根据之前按下的运算符进行运算
58          double result = 0;
59          if (oper == "+")
60          {
61              result = num1 + num2;
62          }
63          else if (oper == "-")
64          {
65              result = num1 - num2;
66          }
67          else if (oper == "*")
68          {
69              result = num1 * num2;
70          }
71          else if (oper == "/")
72          {
73              result = num1 / num2;
74          }
75          lblResult.Text = result.ToString();   //显示结果
76          num1 = result;                        //当前运算结果变为num1
77      }
78  }
79
80  //按下C按钮时发生的事件
81  private void OnClear_Clicked(object sender, EventArgs e)
82  {   //将之前的计算和结果清空
83      lblResult.Text = "0";
84      num1 = 0;
85      num2 = 0;
86      state = 0;
87  }
88
89  //按下加减乘除按钮时发生的事件
90  private void OnOper_Clicked(object sender, EventArgs e)
91  {
92      if (state == 2)
93      {
94          Calculate();
95      }
96      state = 1;
97      oper = ((Button)sender).Text;             //记录按下的运算符
98  }
```

思考：本次实训使用到下一章判断语句的知识，且逻辑较为复杂。代码看不懂不要紧，随着学习的深入，很多之前无法理解的东西会慢慢理解，这也是学习的乐趣之一。为降低程序的复杂度，这个程序并不支持输入带小数点的数字，请在学习完下一章内容之后，尝试给这个程序加上一个小数点按钮以实现这个功能。(注意：连续多次按下小数点按钮时只会输入一个小数点，一个数字之中不能在多个位置同时出现小数点。)

本 章 小 结

本章详细介绍了 C#语言中的各种运算符和表达式的使用方法及注意事项，并重点介绍了关系表达式、逻辑表达式及运算符的优先级。掌握并能灵活运用本章内容至关重要，它直接影响后续章节的判断语句及循环语句的学习。

习　　题

1. 填空题

(1) C#语言中唯一的三元运算符是_____。

(2) 108 % 12 的结果是_____。

(3) 10.4 % 3.1 的结果是_____。

(4) 8 / 3 的结果是_____。

(5) 1 << 1 的结果是_____。

(6) 10 >> 1 的结果是_____。

(7) 表达式 x = 3 * (y = 6) 的值为_____。

(8) 3>2 && 5!=6 的结果是_____。

(9) !(5 < 6) && '2' > '3' 的结果是_____。

(10) '6' * '7' 的结果是_____。

2. 判断题

(1) 在 C#语言中实数不能进行模运算。　　　　　　　　　　　　　　　(　)
(2) 在 C#语言中只有一个三元运算符。　　　　　　　　　　　　　　　(　)
(3) && 运算符可以用于对整数进行运算。　　　　　　　　　　　　　　(　)
(4) & 既可以用于整数运算，也可以用于布尔值运算。　　　　　　　　　(　)
(5) 算术运算符的优先级比关系运算符的高。　　　　　　　　　　　　　(　)
(6) 赋值运算符的优先级最低。　　　　　　　　　　　　　　　　　　　(　)
(7) 把 32 位整数 65 左移 33 位后的结果为 0。　　　　　　　　　　　　(　)
(8) '2' * '3'的结果为 6。　　　　　　　　　　　　　　　　　　　　　(　)

3. 选择题

(1) !false || !true 的结果是(　　)。
　　A. false　　　　　B. true　　　　　C. 0　　　　　D. 1

(2) 假设 b 的初值为 5，那么表达式 b*=b-=b+b 的值为(　　)。
　　A. 25　　　　B. 5　　　　C. -5　　　　D. -25
(3) 程序

```
int a=6;
int b=7;
int min=a<b?a:b;
Console.WriteLine(min);
```

的执行结果为(　　)。
　　A. 15　　　　B. 6　　　　C. 7　　　　D. -1

(4) 程序

```
int a=6;
Console.Write(-a++);
Console.Write(-a--);
Console.Write(-++a);
```

的执行结果为(　　)。
　　A. -6-7-7　　B. -7-8-8　　C. -6-7-8　　D. -7-8-9

(5) 程序

```
int a=3;
int b=a+++a+++a++;
Console.Write(a);
Console.Write(b);
```

的执行结果为(　　)。
　　A. 511　　　B. 513　　　C. 612　　　D. 613

(6) '5' + 12 的结果的数据类型是(　　)。
　　A. char　　　B. string　　　C. int　　　D. double

(7) 关于运算符&和&&，以下说法正确的是(　　)。
　　A. &和&&都可以用于整型数值和布尔型数值的运算
　　B. &可以用于布尔型数值的运算，而&&不能
　　C. &和&&都不能用于布尔型数值的运算
　　D. &可以用于整型数值的运算，而&&不能

(8) 关于逻辑表达式，以下说法错误的是(　　)。
　　A. 对于表达式 a && b && c，只有 a 为 true 时，才需要判别 b 的值
　　B. 对于表达式 a && b && c，只要 a 为 false，就必须判别 b 的值
　　C. 对于表达式 a || b || c，只要 a 为 true，就不必判别 b 和 c 的值
　　D. 对于表达式 a || b || c，只要 a 为 false，就必须判别 b 的值

4. 简答题

(1) 试述逻辑运算符&和条件运算符&&之间的区别。
(2) 从高到低排列&&和||、算术运算符、赋值运算符、!(非)、关系运算符的优先级顺序。

5. 编程题

(1) 从键盘上输入 4 个数,编写程序,计算出这 4 个数的平均值。

(2) 编写一个应用程序,要求用户用 2 个文本框输入 2 个数,并将它们的和、差、积、商显示在标签(Label)中。

(3) 编写一个应用程序,输入以摄氏度为单位的温度,输出以华氏度为单位的温度。摄氏度转化为华氏度的公式为

$$F = 1.8*C + 32 (F 为华氏温度,C 为摄氏温度)$$

(4) 身体质量指数(BMI)被用来表示与体重有关的健康程度。BMI 的计算公式为

$$BMI = W/h^2$$

式中,W 是以 kg 为单位的体重;h 是以 m 为单位的身高。

BMI 的值在 20~25 被认为是"正常的"。编写一个应用程序,输入体重和身高并输出 BMI。

第6章 条件判断语句

 教学提示

在现实中，经常需要根据不同的情况做出不同的动作。比如，考试成绩大于或等于60分就是及格，如果小于60分就是不及格。在程序中，要实现这样的功能就需要使用条件判断语句。

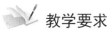 教学要求

知 识 要 点	能 力 要 求	相 关 知 识
if 语句	(1) 熟练使用 if 语句 (2) 熟练使用 if…else 语句 (3) 熟练使用 if…else if 语句	(1) if 语句的表现形式及使用方法 (2) if…else 语句的表现形式及使用方法 (3) if…else if 语句的表现形式及使用方法
switch 语句	(1) 熟练使用 switch 语句 (2) 能够在 switch 语句和 if…else if 语句之间进行转换	(1) switch 语句的表现形式及使用方法 (2) switch 语句和 if…else if 语句之间的转换方法
判断语句的嵌套	能够使用嵌套判断语句来实现复杂的逻辑	(1) 判断语句嵌套的一般形式 (2) 对判断语句进行嵌套的方法

C#语言中条件判断语句有两种：if 语句和 switch 语句(又称开关语句)。

条件判断语句和循环控制语句(第 7 章会讲到)是程序设计语言最基础的内容，也是核心内容。它们无处不在，通过灵活地运用这两种语句，可以实现复杂的逻辑运算。学会条件判断语句的语法并不困难，但要把复杂的算法通过这些语句表达出来需要经过不断地摸索和练习。

6.1　if 语句

6.1.1　if 语句概述

if 语句是用来判断所给定的条件是否满足，根据判定的结果(真或假)决定所要执行的操作。if 语句的一般表示形式如下所示。

```
if (表达式)
{
        语句块
}
```

(1) 关键字 if 后面紧接着圆括号，圆括号里面可以是一个表达式或是一个布尔型变量，或者干脆是一个布尔常量 true 或 false(当然，在 if 后直接放置布尔常量没有任何意义)。表达式可以是关系表达式或逻辑表达式。总之，圆括号中的表达式返回的一定是布尔值 true 或 false。

```
if (a == 100)              //关系表达式
if (a > 100 && a < 150)    //逻辑表达式
if (a)                     //变量a只能是一个布尔型变量
if (true)                  //布尔常量true，这样做没有任何意义
```

初学者最常犯的错误是使用单个等号测试是否相等，如 if(x=3){…}。在 C#语言中，x=3 是赋值表达式，而不是逻辑表达式，不能作为 if 语句的表达式。这样的语句不能被编译，要把它改为 x==3。

(2) if 表达式后紧接着的是大括号，语句块包含在大括号中，表示这个语句块受大括号上面的 if 语句控制。语句块本身就是程序代码，它可以是一条语句，也可以是多条语句。当语句块中只包含一条语句时，可以省略大括号。

```
if (a > 100)
    Console.WriteLine("a 大于 100");
```

注意：即使语句块只有一条语句，也最好给它加上大括号，这符合编写的规范。另外，if 后面语句块中的所有语句都应该缩进一个制表符或长度相当的空格，表示它们受控于以上 if 语句。这样的代码更加容易阅读，易于理解。

(3) 当 if 的表达式返回 true 时，将执行大括号里的语句块；当表达式返回 false 时，将跳过语句块，执行大括号后面的语句。

if 语句的执行流程如图 6.1 所示。

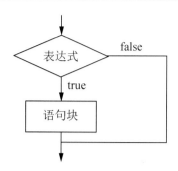

图 6.1 if 语句的执行流程

【例 6-1】 通常考试分数的范围为 0~100。编写一个应用程序,判断输入分数的合法性。

(1) 示例代码。

```
1   int score = int.Parse(Console.ReadLine());
2   if (score > 100 || score < 0)
3   {
4       Console.WriteLine("输入失败,分数不合法! ");
5       return;
6   }
7   Console.WriteLine("输入成功,分数为: " + score.ToString());
```

(2) 运行结果。输入"90",然后按 Enter 键,显示"输入成功,分数为 90";再输入"120"或"-5",按 Enter 键,则显示"输入失败,分数不合法"。

(3) 代码分析。第 1 行代码的作用是把用户输入的分数保存到局部变量 score 内。Console.ReadLine()方法返回的是字符串,需要先把它转换为整数。Int.Parse( )方法的作用就是把圆括号内的字符串转换为整数。当然,如果用户在文本框内输入了字母或中文则会弹出一个异常,如何处理异常?后面的章节会讲到,这里先忽略这种可能。

第 2 行代码的作用是判断分数的范围,确定其是否合法,可以尝试把 score>100 || score<0 翻译为中文的"分数大于 100 或者分数小于零",这样更好理解一些。

第 4 行代码的作用是显示"输入失败,分数不合法!"。

第 5 行代码 return 的作用是跳到程序的最后,不执行剩余代码。return 在 if 语句所属的大括号之内。也就是说,当 score>100 || score<0 返回 true 时,则执行第 4 和第 5 行代码,然后结束程序的运行;如果返回的是 false,则跳过它们,直接从第 7 行代码开始执行。

第 7 行代码的作用是显示输入成功信息,并把输入的分数也显示出来。如果 if 表达式返回的是 true,则将会执行 if 语句所控制的 return 语句而直接结束程序,这时将不会执行第 7 行代码。

整段代码所实现的功能:如果分数合法,则显示成功信息并输出分数,否则显示失败信息。

注意:初学者很容易犯的一个错误是在 if 表达式后面加分号,这样,程序依然可以运行,但执行的结果会变得不可预测。如图 6.2 所示,当在 if 表达式后面加上分号以后,代码的含义实际上由图 6.2(a)变为了图 6.2(b)。也就是说,无论表达式返回的结果是什么,语句块都将会执行,它不再受 if 语句控制。请在【例 6-1】中的 if 表达式后面加上分号,运行程序,输入不同的分数,观察执行结果如何,思考为什么会得出这样的结果。

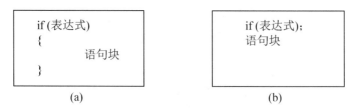

图 6.2 在 if 表达式后面添加分号

6.1.2 if…else 语句

当一个判断语句只存在两种可能的结果时，可以使用 if…else 语句来表达。它的表现形式如下所示。

```
if (表达式)
{
        语句块 1
}
else
{
        语句块 2
}
```

当 if 表达式返回 true 时，执行语句块 1；如果返回 false，则执行 else 后面的语句块 2。if…else 语句的执行流程如图 6.3 所示。为了便于理解，可以把它翻译为中文的"如果……就……，否则……"。

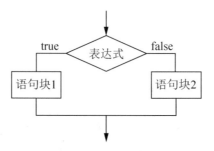

图 6.3 if…else 语句的执行流程

可以对【例 6-1】使用 if…else 语句进行如下改造。

```
1  int score = int.Parse(Console.ReadLine());
2  if (score < 0 || score > 100)
3  {
4      Console.WriteLine("输入失败，分数不合法！");
5  }
6  else
7  {
8      Console.WriteLine("输入成功，分数为: " + score.ToString());
9  }
```

这段代码把【例 6-1】的 if 语句中的 return 去掉了，然后把最后一句放到 else 子句中，这样做的效果与原来是一样的。由于 if…else 语句的特点是 if 子句中的内容与 else 子句中的内容是相斥的，只能执行其中一个，因此不再需要 return 语句强制结束程序。

注意：在使用 if…else 语句时，尽量将最有可能被执行的语句块放在 if 子句内，而将出错提示的代码放在 else 子句内。这样写的代码更符合规范，更符合逻辑。上述代码则正好相反，把出错提示代码放在了 if 子句内，为此需要对它进行如下改进。

```
1  int score = int.Parse(Console.ReadLine());
2  if (score >= 0 && score <= 100)
3  {
4      Console.WriteLine("输入成功，分数为：" + score.ToString());
5  }
6  else
7  {
8      Console.WriteLine("输入失败，分数不合法！");
9  }
```

这一次对正确的可能进行了判断，score>=0 && score<=100 翻译成中文就是"如果分数大于或等于 0 并且分数小于或等于 100，就……"，它的作用与 score<0 || score>100 正好相反，将成功信息放在 if 子句中，这样做更符合规范。

本章开始提到的考试成绩大于或等于 60 分就是及格，如果小于 60 分就是不及格，使用 if…else 语句来表达正好合适。

【例 6-2】 输入一个分数，如果分数大于或等于 60 分，则显示及格，否则显示不及格。(暂不考虑分数是否合法。)

(1) 示例代码。

```
1  int score = int.Parse(Console.ReadLine());
2  if (score >= 60)
3  {
4      Console.WriteLine("及格");
5  }
6  else
7  {
8      Console.WriteLine("不及格");
9  }
```

(2) 运行结果。输入 90，然后按 Enter 键，显示"及格"。重新运行程序，输入 50，按 Enter 键，显示"不及格"。

(3) 代码分析。第 2 行代码的作用是判断所输入的分数是否大于或等于 60，如果是，则表达式返回 true，执行 if 子句里的第 4 行代码，显示"及格"。其他情况(这里也只能是小于 60 的情况)则执行第 8 行代码，显示"不及格"。

若 if…else 语句中，在表达式为 true 和 false 时都只执行赋值语句给同一个变量赋值时，可以用条件运算符来处理。

可以将【例 6-2】的代码修改为以下内容。

```
1  int score = int.Parse(Console.ReadLine());
2  Console.WriteLine(score >= 60 ? "及格" : "不及格");
```

这里,代码从 9 行变为 2 行,但却实现了同样的功能。这样做可以使代码变得更加简洁,也更易于阅读。

课堂练习 1:输入一个整数,判断其正负值。如果小于零,则显示"负数";如果大于或等于零,则显示"正数"。

【例 6-2】对成绩的及格与否进行了判断,现在需求发生了改变,要求判断出一个成绩是优、良、中、及格或不及格。

优:90~100;

良:80~90 (小于 90);

中:70~80 (小于 80);

及格:60~70 (小于 70);

不及格:0~60 (小于 60)。

【例 6-3】 划分成绩的等级 1.0 版本。

(1) 示例代码。

```
1   int score = int.Parse(Console.ReadLine());
2   if (score >= 90 && score <= 100)
3   {
4       Console.WriteLine("优");
5   }
6   if (score >= 80 && score < 90)
7   {
8       Console.WriteLine("良");
9   }
10  if (score >= 70 && score < 80)
11  {
12      Console.WriteLine("中");
13  }
14  if (score >= 60 && score < 70)
15  {
16      Console.WriteLine("及格");
17  }
18  if (score >= 0 && score < 60)
19  {
20      Console.WriteLine("不及格");
21  }
```

(2) 代码分析。这段代码的执行效率是十分低下的,比如输入 95 分,当程序执行第 1 个 if 语句时,符合条件,显示"优",但接下来它还会去判断所有剩余的 if 语句。这样做导致程序执行了很多行并不需要执行的代码。要解决这个问题,就需要使用 if…else if 语句。

6.1.3 if…else if 语句

视频 6.1：使用断点调试查看程序

视频通过设置断点单步调试演示了例 6-3 以及例 6-4 在运行过程中的差别，设置断点是调试程序的重要手段，请读者务必观看视频。

当一个判断语句存在多种可能的结果时，可以使用 if…else if 语句来表达。if…else if 语句执行流程如图 6.4 所示。它的表现形式如下所示。

```
if (表达式 1)
{
    语句块 1
}
else if (表达式 2)
{
    语句块 2
}
…
else if (表达式 n)
{
    语句块 n
}
```

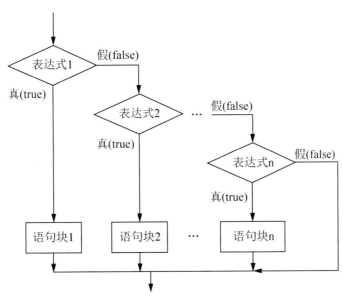

图 6.4 if…else if 语句执行流程

首先执行表达式 1，如果返回值为 true，则执行语句块 1，并跳出整个 if 语句。如果表达式 1 返回 false，则执行表达式 2。如果表达式 2 返回 true，则执行语句块 2，并跳出整个 if 语句。如果表达式 2 返回 false 则继续往下执行 else if 语句。总而言之，if…else if 语句的特点是只要找到为真的表达式就执行相应的语句块并跳出整个判断语句,否则就继续往下执行。

【例6-4】 按分数划分成绩等级2.0版本:输入一个分数,根据分数的多少显示优、良、中、及格、不及格(暂不考虑分数是否合法)。

示例代码。

```
1   int score = int.Parse(Console.ReadLine());
2   if (score >= 90 && score <= 100)
3   {
4       Console.WriteLine("优");
5   }
6   else if (score >= 80 && score < 90)
7   {
8       Console.WriteLine("良");
9   }
10  else if (score >= 70 && score < 80)
11  {
12      Console.WriteLine("中");
13  }
14  else if (score >= 60 && score < 70)
15  {
16      Console.WriteLine("及格");
17  }
18  else if (score >= 0 && score < 60)
19  {
20      Console.WriteLine("不及格");
21  }
```

这个版本的代码与1.0版本代码几乎一样,只是在后面的if语句前加上了else关键字,但是它的执行效率就高得多了。如果输入的成绩为95,那么程序将在执行完第1个if子句并打印出"优"后直接跳出整个判断语句。

上例所写代码并不完善,当输入分数-5或300时,将不会有任何的显示。此时,可以在整个判断语句的最后加一个else子句,对不合法的分数进行统一的处理。

【例6-5】 按分数划分成绩等级3.0版本。

```
1   int score = int.Parse(Console.ReadLine());
2   if (score >= 90 && score <= 100)
3   {
4       Console.WriteLine("优");
5   }
6   else if (score >= 80 && score < 90)
7   {
8       Console.WriteLine("良");
9   }
10  else if (score >= 70 && score < 80)
11  {
12      Console.WriteLine("中");
13  }
14  else if (score >= 60 && score < 70)
```

```
15  {
16      Console.WriteLine("及格");
17  }
18  else if (score >= 0 && score < 60)
19  {
20      Console.WriteLine("不及格");
21  }
22  else   //从这里开始,是新添加的代码
23  {
24      Console.WriteLine("分数不合法,请重新输入");
25  }
```

这个例子只是在【例6-4】的基础上添加了一个else子句,当前面的判断都为假时,就会执行else子句中的内容。通常在if…else if语句内,用else子句来处理不合法的可能。并且,应该尽可能把最常见的情况放在前面,这样可以让阅读代码的人更容易理解代码,代码效率也得到了提高。本例中,没有把最常见的情况——"中"放在最前面是因为按照从高到低的顺序进行判断,代码更符合逻辑,也更易读懂。

6.1.4 if 语句的嵌套

在if语句中又包含一个或多个if语句称为if语句的嵌套。

```
if (表达式1)
{
    if (表达式2) { 语句块1 }       ┐
    else { 语句块2 }              ┘ 内嵌if
}
else
{
    if (表达式3) { 语句块1 }       ┐
    else { 语句块2 }              ┘ 内嵌if
}
```

if语句的嵌套形式有多种,嵌套的层数也没有限制。

【例6-6】 划分成绩的等级4.0版本。

(1) 示例代码。

```
1   int score = int.Parse(Console.ReadLine());
2   if (score <= 100 && score >= 0)              //最外层
3   {
4       if (score >= 90)                         //第2层
5       {
6           Console.WriteLine("优");
7       }
8       else
9       {
10          if (score >= 80)                     //第3层
11          {
12              Console.WriteLine("良");
13          }
```

```
14          else
15          {
16              if (score >= 70)              //第4层
17              {
18                  Console.WriteLine("中");
19              }
20              else
21              {
22                  if (score >= 60)          //第5层
23                  {
24                      Console.WriteLine("及格");
25                  }
26                  else
27                  {
28                      Console.WriteLine("不及格");
29                  }
30              }
31          }
32      }
33  }
34  else
35  {
36      Console.WriteLine("分数不合法,请重新输入");
37  }
```

(2) 代码分析。一共有 5 层 if 语句的嵌套,它的思路是一步一步缩小所要查找的范围,最终得出合适的答案,执行流程如图 6.5 所示。虽然它实现了和【例 6-5】相同的功能,但不建议这样写,因为程序的可读性低。而【例 6-5】的代码则简单明了,层次分明。

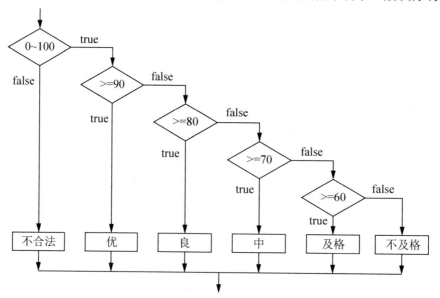

图 6.5 【例 6-6】的执行流程

从上面几个例子中可以看出，相同的逻辑可以使用多种不同的方法编写。划分成绩的等级这个例子一共写了 4 个版本，其实还可以有第 5、第 6 个，甚至更多版本，如何灵活地使用 if 语句也成为学好这门课的关键之一。在复杂的逻辑中使用 if 语句嵌套在所难免，只要多思考、勤练习，必定能掌握其要领。

课堂练习 2：输入一个月份，判断是什么季节。3、4、5 月为春季(spring)，6、7、8 月为夏季(summer)，9、10、11 月为秋季(autumn)，12、1、2 月为冬季(winter)。

6.2　switch 语句

switch 语句又称为"开关语句"，它是多分支选择语句，允许根据条件判断执行一段代码。它与 if…else if 语句构造相同，两者相似度很高。某些特定的 if…else if 语句可以使用 switch 语句来代替，而所有的 switch 语句都可以改用 if…else if 语句来表达。它们之间的不同点是，if…else if 语句计算一个逻辑表达式的值，而 switch 语句则将一个整数或表达式的值与一个或多个 case 里的值进行比较。switch 语句的表现形式如下所示。

```
switch (表达式)
{
    case 值1 :
        语句块 1
        break;
    case 值2 :
        语句块 2
        break;
    …
    case 值n :
        语句块 n
        break;
    default :
        语句块 n+1
        break;
}
```

注意：

(1) switch 关键字后面的表达式的值的类型必须是字符串或整数，如 char、int、long 都属于整数类型。

(2) case 后面的值必须是常量表达式，不允许使用变量。

(3) case 和 default 以冒号而非分号结束。

(4) case 后面的语句块，无论是单条语句还是多条语句，都无须用括号包围。

(5) default 可以有，也可以没有。case 子句的排放顺序是无关紧要的，甚至可以把 default 子句放在最前面。

【例 6-7】　人物查找。在图 6.6 所示的查找界面中，输入一个人名，单击【查找】按钮，显示所查人物的信息。

图 6.6 查找界面

(1) 新建一个 MAUI 应用程序项目,并命名为 Search。
(2) MainPage.xaml 中的 UI 代码。

```xml
<Grid RowDefinitions="50,200" ColumnDefinitions="*,80" RowSpacing="5">
    <Entry x:Name="entryName" FontSize="25"/>
    <Button x:Name="btnSearch" Grid.Column="1" Text="查找"
        FontSize="25"
        Clicked="btnSearch_Clicked"/>
    <Label x:Name="lblResult" Grid.Row="1" Grid.ColumnSpan="2"
        FontSize="25"/>
</Grid>
```

(3) MainPage.xaml.cs 中的程序代码。

```csharp
private void btnSearch_Clicked(object sender, EventArgs e)
{
    string intro;
    switch (entryName.Text)
    {
        case "李白":
            intro = "中国唐代著名诗人,被称为诗仙。";
            break;
        case "岳飞":
            intro = "中国南宋著名抗金将领。";
            break;
        case "安德斯":
            intro = "丹麦著名计算机科学家,被誉为'Delphi/C#之父'。";
            break;
        default:
            intro = "查无此人";
            break;
    }
    lblResult.Text = intro;
}
```

(4) 运行结果。在 entryName 文本框内分别输入"李白""岳飞"和"安德斯",然后单击【查找】按钮,lblResult 标签显示对应的人物信息。如果在文本框内输入的人名不在以上仨人之列,如"张三",则显示"查无此人"。

(5) 代码分析。

第 3 行代码声明了一个字符串变量 intro 作为存储人物简介的临时变量。

第 4 行代码把文本框 entryName 的 Text 属性(也就是输入的人名)作为 switch 括号内的表达式，表示将把它与 case 后的常量进行对比。

第 6~14 行是 case 子句，当 entryName.Text 返回的字符串等于 case 后的字符串常量时，将执行 case 所属冒号后面相应的代码块。当执行到 break 语句时，将跳出整个 switch 语句，直接执行第 19 行代码。

第 15~17 行为 default 子句，当 entryName.Text 与所有的 case 后面的常量不吻合时，就会执行 default 子句，显示"查无此人"并通过执行 break 语句跳出整个 switch 语句。

第 19 行把字符串变量 intro 的值赋给 lblResult.Text 属性，也就是显示 intro 中的内容。

注意：

(1) 每个 case 子句，包括 default 子句内必须包含 break 语句[但有一种情况例外，第(3)点详细讲]。尝试去掉某 case 子句后面的 break 语句，看看会有什么样的效果。

(2) 任何两个 case 后的常量都不能相同，包括值相同的不同常量。例如，以下代码是错误的。

```
case "李白":
    intro = "中国唐代著名诗人，被称为诗仙。";
    break;
case "李白":
    intro = "中国南宋著名抗金将领。";
    break;
```

(错误！"李白"出现在两个 case 后面。)

```
const string NAME1 = "李白";
const string NAME2 = "李白";
string intro;
switch (txtName.Text)
{
    case NAME1:
        intro = "中国唐代著名诗人，被称为诗仙。";
        break;
    case NAME2:
        intro = "中国南宋著名抗金将领。";
        break;
    ...
```

虽然常量名 NAME1 和 NAME2 不同，但它们所包含的值相同，都为"李白"。

(3) 第(1)点说到 case 子句必须包含 break 语句，但有一种情况例外。如果一个 case 子句为空，就可以从这个 case 子句跳到下一个 case 子句，这样就可以用相同的方式处理 2 个或多个 case 子句了。将【例 6-7】的代码改为以下内容。

```
1   private void btnSearch_Clicked(object sender, EventArgs e)
2   {
```

```
 3       string intro;
 4       switch (entryName.Text)
 5       {
 6           case "李白":
 7           case "岳飞":
 8               intro = "中国人";
 9               break;
10           case "安德斯":
11               intro = "丹麦人";
12               break;
13           default:
14               intro = "查无此人";
15               break;
16       }
17       lblResult.Text = intro;
18   }
```

按F5键运行程序，在文本框内输入"李白"或"岳飞"，单击【查找】按钮，查找的结果都为"中国人"。由此可以看出，程序对于"李白"和"岳飞"的处理是相同的。

课堂练习 3：假设 0～6 分别代表星期天至星期一(英文表示为 Sunday、Monday、Tuesday、Wednesday、Thursday、Friday、Saturday)，从键盘输入任意整数，若在 0～6 内，则输出相应的星期，否则显示"The input data is not in the range of 0-6."。

实 训 指 导

1. 实训目的

(1) 掌握 if 语句的使用方法。

(2) 掌握 switch 语句的使用方法。

(3) 掌握判断语句的嵌套使用。

2. 实训内容

编制石头剪子布游戏。

3. 实训步骤

视频 6.2：石头剪子布游戏

视频完整讲述了石头剪子布游戏的制作过程，请务必参考视频进行学习。本程序所使用的图标请到以下网址下载：
http://iotxfd.cn/down/CSharp/SVG3-6.zip。

(1) 新建一个 MAUI 应用程序，并将项目命名为 Rock。

(2) MainPage.xaml 中的 UI 代码。

```
<Grid RowDefinitions="*,2*,*,*" ColumnDefinitions="*,*,*,*">
```

```xml
<Image x:Name="imgRival" Grid.ColumnSpan="3" Rotation="180"/>
<Label x:Name="lblResult" Text="赢" Grid.Row="1"
    Grid.ColumnSpan="3" FontSize="90"
    HorizontalOptions="Center" VerticalOptions="Center"/>
<Image x:Name="imgMy" Grid.Row="2"
    Grid.ColumnSpan="3"/>
<ImageButton x:Name="btnRock" Grid.Row="4"
        WidthRequest="70" HeightRequest="70"
        BorderWidth="3" BorderColor="Silver"
        CornerRadius="10" Padding="8"
        Source="fist.png" Clicked="button_Clicked"
        ZIndex="0"/>
<ImageButton x:Name="btnForfex" Grid.Row="4" Grid.Column="1"
        WidthRequest="70" HeightRequest="70"
        BorderWidth="3" BorderColor="Silver"
        CornerRadius="10" Padding="8" Clicked="button_Clicked"
        Source="finger.png"
        ZIndex="1"/>
<ImageButton x:Name="btnCloth" Grid.Row="4" Grid.Column="2"
        WidthRequest="70" HeightRequest="70"
        BorderWidth="3" BorderColor="Silver"
        CornerRadius="10" Padding="8"
        Source="hand.png" Clicked="button_Clicked"
        ZIndex="2"/>
<Label x:Name="lblRivalScore" Text="0" Grid.Column="3"
    FontSize="56" HorizontalOptions="Center"/>
<Label x:Name="lblMyScore" Text="0" Grid.Row="3" Margin="0,0,0,10"
    HorizontalOptions="Center" VerticalOptions="End"
    Grid.Column="3" FontSize="56"/>
</Grid>
```

(3) MainPage.xaml.cs 中的程序代码。

```
1  public MainPage()
2  {
3      InitializeComponent();
4  }
5
6  List<ImageSource> imgList = new List<ImageSource>()
7  {
8      ImageSource.FromFile("fist.png"),
9      ImageSource.FromFile("finger.png"),
10     ImageSource.FromFile("hand.png")
11 };
12
13 int rivalScore = 0;
14 int myScore = 0;
15
```

```csharp
16    private void button_Clicked(object sender, EventArgs e)
17    {    //0表示石头, 1表示剪子, 2表示布
      //根据单击的按钮的ZIndex属性值确定本方出的是什么
18        int myNum = ((ImageButton)sender).ZIndex;
19        imgMy.Source = imgList[myNum];              //显示本方出招的图片
20        Random rm = new Random();                    //初始化随机数类
21        int rivalNum = rm.Next(0, 3);                //获取一个0~2之间的随机数
22        imgRival.Source = imgList[rivalNum];         //显示对方出招的图片
23        switch (rivalNum)
24        {
25            case 0:                                  //对方出石头的情况
26                if (myNum == 0)                      //本方出石头时
27                {
28                    lblResult.Text = "平";
29                }
30                else if (myNum == 1)                 //本方出剪子时
31                {
32                    lblResult.Text = "输";
33                    rivalScore++;
34                }
35                else                                 //本方出布时
36                {
37                    lblResult.Text = "赢";
38                    myScore++;
39                }
40                break;
41            case 1:                                  //对方出剪子的情况
42                if (myNum == 0)                      //本方出石头时
43                {
44                    lblResult.Text = "赢";
45                    myScore++;
46                }
47                else if (myNum == 1)                 //本方出剪子时
48                {
49                    lblResult.Text = "平";
50                }
51                else                                 //本方出布时
52                {
53                    lblResult.Text = "输";
54                    rivalScore++;
55                }
56                break;
57            case 2:                                  //对方出布的情况
58                if (myNum == 0)                      //本方出石头时
59                {
60                    lblResult.Text = "输";
61                    rivalScore++;
62                }
63                else if (myNum == 1)                 //本方出剪子时
```

```
64          {
65              lblResult.Text = "赢";
66              myScore++;
67          }
68          else                                    //本方出布时
69          {
70              lblResult.Text = "平";
71          }
72          break;
73  }
74  lblMyScore.Text = myScore.ToString();
75  lblRivalScore.Text = rivalScore.ToString();
76 }
```

(4) 运行结果。单击按钮出招，对手会跟着自动出招。中间的标签控件会显示本方是输是赢。两边的标签控件会记录下双方的分数。石头剪子布游戏运行效果如图 6.7 所示。

本例使用了嵌套的判断语句来完成游戏输赢的判断，属于较常规的做法，代码较容易理解，但让人感觉有些烦琐。可以寻找游戏输赢之间的规律以大幅度地减少代码量。请尝试把石头、剪子、布分别用数字 0、1、2 代替，用对手出的数字减去本方出的数字，并把所有可能一一列出，寻找"输""赢"和"平"之间的规律。将 button_Clicked 方法的代码更改为以下内容。

图 6.7　石头剪子布游戏运行效果

```
1  private void button_Clicked(object sender, EventArgs e)
2  {  //0 表示石头，1 表示剪子，2 表示布
3      //根据单击的按钮的 ZIndex 属性值确定本方出的是什么
4      int myNum = ((ImageButton)sender).ZIndex;
5      imgMy.Source = imgListMy[myNum];            //显示本方出招的图片
6      Random rm = new Random();                    //初始化随机数类
7      int rivalNum = rm.Next(0, 3);                //获取一个 0～2 之间的随机数
8      imgRival.Source = imgListRival[rivalNum];   //显示对方出招的图片
9      int result = rivalNum - myNum;               //对手分数减本方分数
10     if (result == 0)
11     {
12         lblResult.Text = "平";
13     }
14     else if (result == 1 || result == -2)
15     {
16         lblResult.Text = "赢";
17         myScore++;
18     }
19     else
20     {
21         lblResult.Text = "输";
```

```
22          rivalScore++;
23       }
24       lblRivalScore.Text = rivalScore.ToString();
25       lblMyScore.Text = myScore.ToString();
26 }
```

运行结果与前面的代码所完成的效果完全一样。

本 章 小 结

本章介绍了 if 语句、if…else 语句、if…else if 语句，以及 switch 语句的使用方法。虽然理解它们不难，但要灵活运用绝非一日之功。对于它们的掌握程度会直接影响后面课程的学习，要能灵活自如地运用它们需要不断地练习和思考。

习　　题

1. 判断题

(1) C#语言中条件判断语句只有一种 if 语句。　　　　　　　　　　　　　　(　)

(2) if 语句用来判断所给定的条件是否满足，根据判定的结果(真或假)决定所要执行的操作。　　　　　　　　　　　　　　　　　　　　　　　　　　　　　　　(　)

(3) if 语句中的表达式不能使用布尔型变量。　　　　　　　　　　　　　　　(　)

(4) if 语句中的语句块只包含一条语句时，可以省略大括号。　　　　　　　　(　)

(5) switch 语句又称为"开关语句"，它是多分支选择语句。　　　　　　　　(　)

(6) switch 语句根据条件判断执行一段代码，它与 if…else if 构造并不相同，但是两者相似度很高。　　　　　　　　　　　　　　　　　　　　　　　　　　　　(　)

(7) 所有的 if…else if 语句都可以使用 switch 语句来代替。　　　　　　　　　(　)

(8) switch 关键字后的表达式，其值的类型必须是字符串或整数。　　　　　　(　)

2. 选择题

(1) 条件判断语句是通过判断(　　)而选择执行相应语句的。

　　A. 给定条件　　　B. 结果　　　　　C. 过程　　　　　D. 真假

(2) 以下 if 语句的表达式中错误的是(　　)。

　　A. if (a == 100)　　B. if (a < 100)　　C. if (a = 100)　　D. if (a > 100)

(3) 当 if (表达式){语句块 1}else{语句块 2}中的表达式返回值为真时执行(　　)。

　　A. 语句块 1　　　B. 语句块 2　　　C. 表达式　　　　D. 跳过不执行

(4) 下列 if 语句的形式错误的是(　　)。

　　A. if (表达式){语句块}

　　B. if (表达式){语句块 1}else{语句块 2}

　　C. if (表达式)then{语句块 1}else{语句块 2}

　　D. if (表达式){语句块 1}else if(表达式){语句块 2}

(5) 当 a=150 时运行下列代码，最后 a 结果为(　　)。

```
if (a > 100)
{a=100+1}
else if(a > 200)
{a=100+2}
else {a=100+3}
```

  A. 151   B. 101   C. 202   D. 103

(6) switch 语句是一个(　　)语句。

  A. 单分支   B. 双分支   C. 三分支   D. 多分支

(7) case 后面的值必须是(　　)表达式。

  A. 常量   B. 变量   C. 类   D. 事件

(8) 每个 case 子句，包括 default 子句内必须包含(　　)语句。

  A. if   B. switch   C. break   D. else

3. 填空题

(1) ＿＿＿＿和＿＿＿＿是所有程序设计语言的基础内容。

(2) if 语句中的表达式可以是＿＿＿＿或＿＿＿＿。

(3) if 后圆括号内的表达式的返回值必须是＿＿＿＿类型。

(4) 当 if 的表达式返回 true 时，将＿＿＿＿，当表达式返回 false 时，将＿＿＿＿。

(5) 当在 if 表达式后加上分号以后，无论表达式返回的结果是什么，语句块＿＿＿＿。

(6) if…else if 的特点是＿＿＿＿，否则继续往下执行。

(7) if 语句和 switch 语句之间的不同点是＿＿＿＿语句计算一个逻辑表达式的值，而＿＿＿＿语句则将一个整数或表达式的值与一个或多个 case 后面的值进行比较。

(8) case 和 default 以＿＿＿＿结束。

4. 简答题

(1) 简单描述 if 语句的几种形式。

(2) 使用 switch 语句时需要注意什么？

5. 编程题

(1) 编写一个应用程序,确定咖啡厅服务员的小费。小费应是账单的 10%,最小值为 2 元。

(2) 一个商店销售光盘,对于少量的订购,每盘 3.5 元,订购超过 200 张时,每盘 3 元。编写程序,要求输入订购光盘数量显示总价格。

(3) 编写一个程序来处理银行账户取款。程序要求以余额和取款数作为输入,取款后显示新的余额,如果取款数大于原余额,程序显示"拒绝取款",如果余额小于 10 元,应显示"余额不到 10 元"。

(4) 编写一个求解一元二次方程的程序。

(5) 编写一个程序,输入两个数及运算符,求出两个数的运算结果。

第 7 章 循环控制语句

教学提示

循环结构是结构化程序 3 种基本结构之一，它和顺序结构、选择结构共同作为各种复杂程序的基本构造单元。熟练掌握选择结构和循环结构的概念及使用是程序设计的最基本要求。

教学要求

知识要点	能力要求	相关知识
while 语句	熟练使用 while 语句	(1) while 语句的表现形式 (2) while 语句的使用方法
do…while 语句	(1) 熟练使用 do…while 语句 (2) 熟练掌握 do…while 语句和 while 语句之间的转换	(1) do…while 语句的表现形式 (2) do…while 语句的使用方法
for 语句	(1) 熟练使用 for 语句 (2) 熟练掌握 for 语句和 while 语句之间的转换	(1) for 语句的表现形式 (2) for 语句的使用方法
foreach 语句	初步掌握 foreach 的使用	(1) foreach 语句的表现形式 (2) foreach 语句的使用方法
break 和 continue 语句	能够在循环语句中正确地使用 break 句和 continue 语句	(1) break 语句的使用方法 (2) continue 语句的使用方法
循环嵌套	能够使用循环嵌套来实现复杂的逻辑	循环嵌套的使用方法

在许多问题中都需要使用循环控制。例如，要求统计高考平均分、计算分数线、每个分数段的人数是多少。循环是一组重复执行的指令，重复次数由条件决定。在 C#语言中可以用以下语句来实现循环。

- while 语句；
- do…while 语句；
- for 语句；
- foreach 语句；
- goto 语句。

不建议在程序中使用 goto 语句。goto 语句使程序流程无规律、可读性差，有可能导致程序的行为无法预知。本书不对 goto 语句进行讲述。

7.1 while 语句

while 语句的作用是判断一个条件表达式，以便决定是否进入并执行循环体，当满足该条件时进行循环，不满足该条件时则不再执行循环。while 语句的表现形式如下所示。

```
while (表达式)
{
    语句块(又称循环体)
}
```

(1) 关键字 while 后面紧接着圆括号，圆括号中可以是一个表达式或者是一个布尔型变量，也可以是一个布尔常量"true"(与 if 语句不同，有时需要在 while 关键字后使用布尔型常量，但循环体内必须有可以跳出循环的控制语句)。表达式可以是关系表达式或逻辑表达式，总之圆括号中的表达式的值一定要是布尔值 true 或 false。

```
while (i >= 100)
while (i > 100 && i < 150)
while (i)            //变量 i 只能是一个布尔型变量
while (true)         //布尔常量 true，需要在循环体中有跳出循环的控制语句
```

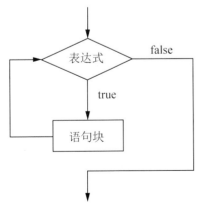

图 7.1 while 语句的执行流程

(2) while 表达式后紧接着的是大括号，语句块(又称为循环体)则包含在大括号中，表示它受 while 语句的控制。当语句块中只有一条语句时，可以省略大括号(但编程规范中要求任何情况下都应当使用大括号)。

(3) 当 while 表达式返回 true 值时，将执行大括号中的语句块，执行完语句块后会继续返回 while 语句表达式进行判断，一直到表达式返回 false 时才会跳出 while 语句，执行大括号后面的语句。

while 语句的执行流程如图 7.1 所示。

【例 7-1】 while 语句求 1+2+3+…+99+100 的值。

(1) 示例代码。

```
1   int sum = 0;
2   int i = 1;                  //初始化
3   while (i<=100)              //循环语句
4   {
5       sum += i;               //把 i 的值累加到变量 sum 内
6       i++;
7   }
8   Console.WriteLine(sum);     //输出结果
```

(2) 运行结果。

```
5050
```

(3) 代码分析。循环体内应该有使循环趋向结束的语句。本例中，i 的初值为 1，循环结束的条件为不满足表达式 i<=100，随着每次循环都通过执行 i++，使 i 的值越来越大，直到 i>100 为止。如果没有循环体中的 i++，则 i 的值始终不改变，循环就不会终止而变成死循环。

初学者很容易犯的一个错误是在 while 表达式后面加";"号。如本例中将第 2 行语句改为以下内容。

```
while (i<=100);     //循环语句
```

这意味着 while 语句到此结束，它的循环体为空，而 while 语句还在不断地判断表达式 i<=100，等待它返回 false 才能跳出循环。但这时大括号中的语句块已经不再受 while 语句控制，无法执行 i++，i 的值永远为 1，这样就形成了死循环。

7.2 do…while 语句

do…while 语句与 while 语句基本相似，但考虑问题的角度不同。while 语句先判断条件是否为真，再决定是否进入循环体。do…while 语句则是先执行循环体，再判断条件是否为真。因为条件测试在循环的结尾，所以循环体至少要执行一次。这好比坐火车与打车，坐火车必须先买票，然后才能上车；而打车则是先上车，最后再给钱。

do…while 语句的表现形式如下所示。

```
do
{
    语句块          注意：这里要加上分号
}
while (表达式);
```

当流程到达 do 后，立即执行语句块，再对表达式进行测试。若表达式的值为真，则返回 do 重复循环，否则退出执行后面的语句。do…while 语句的执行流程如图 7.2 所示。这里特别需要注意的是，与 while 语句不同的是，do…while 语句的表达式后要加上分号。

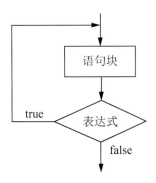

图 7.2 do…while 语句的执行流程

例如，判断输入的数是否在 0~9 之间，只有先输入了数字才能对它进行判断，使用 do…while 语句正好合乎逻辑。

【例 7-2】 判断输入的数是否在 0~9 之间。

(1) 示例代码。

```
1  int i = 0;
2  do
3  {
4      Console.Write("请输入一个 0 到 9 之间的整数：");
5      i = int.Parse(Console.ReadLine());     //读取数字并放入变量 i
6      if (i < 0 || i > 9)                    //如果数字不在 0~9 之间
7      {
8          Console.Write("数字不在 0~9 之间！");
9      }
10 }
11 while (i < 0 || i > 9);                    //如果数字不在 0~9 之间则继续循环
12 Console.WriteLine("你输入了：" + i);        //输出合法的数字
```

(2) 运行结果。

```
请输入一个 0 到 9 之间的整数：12
数字不在 0~9 之间！请输入一个 0 到 9 之间的整数：-7
数字不在 0~9 之间！请输入一个 0 到 9 之间的整数：8
你输入了：8
```

(3) 代码分析。该程序读入一个 0~9 之间的数，满足条件后就越过循环，显示读入的数；不满足条件则继续回到 do。在循环体中，if 语句的条件和 while 的继续条件是同一个，这只是一个巧合，并非必须。本例也可以使用 while 语句来实现，但需要使用跳转语句，稍后会详细讲述。

do…while 在许多场合也可以实现 while 的功能。

【例 7-3】 使用 do…while 语句求 1+2+3+…+99+100 的值。

(1) 示例代码。

```
1  int i = 1, sum = 0;
2  do
```

```
3  {
4      sum += i;
5      i++;
6  }
7  while (i <= 100);
8  Console.WriteLine(sum);
```

(2) 运行结果。

```
5050
```

对于在什么场合使用 while 语句、什么场合使用 do…while 语句，并没有硬性的规定。程序设计的一个很重要的特点就是灵活性，同一个逻辑实现的方法可能会有很多种。在学习的过程中应该尝试使用多种方法实现同一逻辑，这样才更容易做到融会贯通。

课堂练习 1：使用 while 语句计算 1 到 100 之间的偶数之和。

7.3　for 语句

在 C#语言中，for 语句的使用频率远远大于 while 语句，它的使用非常灵活，甚至可以完全替代 while 语句。for 语句的执行流程如图 7.3 所示。for 语句的一般表现形式如下所示。

```
for (表达式1;表达式2;表达式3)
{
    语句块
}
```

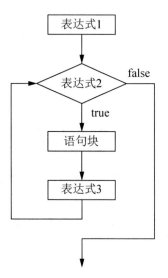

图 7.3　for 语句的执行流程

其中，当表达式 2 的值为假时，则直接跳出循环。

表达式 1：一般情况下用于给循环变量赋初值。

表达式 2：返回值必须是一个布尔型，作为循环是否继续执行的条件。

表达式 3：一般情况下用于给循环变量增(减)值。

可以将 1～100 的和用 for 语句实现。

【例 7-4】 使用 for 语句求 1+2+3+…+99+100 的值。

视频 7.1：在程序运行过程中查看变量的值

视频讲述了 for 语句的执行流程，并演示了如何在程序运行过程中查看变量的值。掌握调试方法对于编程至关重要，请读者务必认真观看。

示例代码。

```
1   int sum = 0;
2   for (int i = 1; i <= 100; i++)
3   {
4       sum += i;
5   }
6   Console.WriteLine(sum);
```

for 语句的使用非常灵活，有以下几点需要注意和了解。

(1) for 语句的表达式 1 可以省略，此时应在 for 语句之前给循环变量赋初值。注意：省略表达式 1 时，其后的分号不能省略。

【例 7-5】 省略 for 语句的表达式 1。

示例代码。

```
1   int sum = 0;
2   int i = 1;                          //初始化
3   for (; i <= 100; )                  //循环语句
4   {
5       sum += i;                       //把 i 的值累加到变量 sum 内
6       i++;
7   }
8   Console.WriteLine(sum);             //打印结果
```

(2) 表达式 2 也可以省略，这意味着循环条件永远为真，循环将无终止地进行下去。这时，需要在循环体中有跳出循环的控制语句。

(3) 表达式 3 也可以省略。但此时程序设计者应另外设法保证循环能正常结束。

(4) 可以同时省略表达式 1 和表达式 3，只有表达式 2，即只给循环条件。这种情况下，for 语句完全等同于 while 语句。可见 for 语句比 while 语句功能强，除了可以给出循环条件外，还可以赋初值，使循环变量自动变化等。

(5) 三个表达式可以同时省略，如 for (; ;)语句，相当于 while(true)语句，即不设初值，不判断条件，循环变量不增值，无终止地执行循环体。这时，也需要在循环体中有跳出循环的控制语句。

(6) 表达式 1 和表达式 3 可以是一个简单的表达式，也可以是逗号表达式，即包含一个以上的简单表达式，中间用逗号(英文状态下)分隔。

【例7-6】 for循环中逗号表达式的应用。

示例代码。

```
1  int sum, i;
2  for (i = 1, sum = 0; i <= 100; sum += i,i++)
3  {
4  }
5  Console.WriteLine(sum);
```

运行结果。

```
5050
```

需要注意的是,逗号表达式是按自左至右顺序执行的。

【例7-7】 for循环中逗号表达式的执行顺序。

示例代码。

```
1  int sum, i;
2  for (i = 1, sum = 0; i <= 100; i++, sum += i)
3  {
4  }
5  Console.WriteLine(sum);
```

运行结果。

```
5150
```

代码分析。由于先执行i++,后执行sum += i,所以导致程序的结果出错。

(7) 初学者很容易犯的一个错误是在for表达式后加分号。这意味着for语句没有循环体。

【例7-8】 for表达式后加分号。

示例代码。

```
1  int sum, i;
2  for (i = 1, sum = 0; i <= 100; sum += i,i++);
3  Console.WriteLine(sum);
```

运行结果。

```
5050
```

代码分析。可以看到结果同样正确,说明此时for后面的大括号已经不受for控制。

注意:讲解这些技巧是为了让大家更好地理解for语句,提高分析问题的能力,并不提倡在程序开发时使用这些技巧。它很容易使阅读代码的人感到迷惑,毕竟在大多数时候,应该将可读性和易于维护性摆在首要位置。

课堂练习2:输入一个6位整数,计算此整数中的各个位之和。例如,输入123456,则输出21(1+2+3+4+5+6=21)。

7.4 循环的嵌套

一个循环体内又包含另一个完整的循环结构,称为循环的嵌套。内嵌的循环中还可以嵌套循环,这就是多层循环。3 种循环(while、do…while 和 for)可以互相嵌套。

【例 7-9】 用星号显示一个 9×6 的矩阵。

视频 7.2:打印星号矩阵

视频讲述了如何实现星号矩阵的打印。实现过程由简单到复杂,初学者观看更易于理解。

(1) 示例代码。

```
1  for(int i=0;i<6;i++)
2  {
3      for(int j=0;j<9;j++)
4      {
5          Console.Write("*");
6      }
7      Console.WriteLine();    //输出换行符
8  }
```

(2) 运行结果。

```
*********
*********
*********
*********
*********
*********
```

(3) 代码分析。本例使用了嵌套循环,外层循环为第 1 行的 for 语句,内层循环为第 3 行的 for 语句。外层 for 每循环一次,内层循环将执行 9 次,并输出 9 个星号。这样,外层 for 循环 6 次就打印了 6 行星号,最终打印出矩阵。这样的嵌套循环可以理解为时钟的时针和分针的关系,分针每转 60 圈可使时针转一圈。

【例 7-10】 在文本框内用星号输出一个等腰三角形。

视频 7.3:打印等腰三角形

视频讲述了如何实现等腰三角形的打印,并对其算法过程进行了详细的讲解。

(1) 示例代码。

```
1   int row = 6;
2   for (int i = 0; i < row; i++)
3   {
4       for (int j = i; j < row - 1; j++)
5       {
6           Console.Write(" ");           //先在每行前端输出空格
7       }
8       for (int k = 0; k <= i; k++)
9       {
10          Console.Write("* ");          //再输出空格后面的星号
11      }
12      Console.WriteLine();              //输出换行符
13  }
```

(2) 运行结果如图 7.4 所示。

(3) 代码分析。本例在 1 个外层循环嵌套了 2 个内层循环。第 1 个内层循环负责输出每行星号前面的空格。图 7.5 所示的是把空格替换为等号之后的效果。第 2 个内层循环负责在空格之后输出星号(每个星号之后需跟随 1 个空格)。

注意：一般情况下嵌套循环最好不要超过 3 层，否则会使程序员很难读懂代码，并容易出错。如果实在需要超过 3 层的循环可以把部分功能包装成方法来进行简化。

课堂练习 3：输入一个整数 n，如果 n 在 2～15(包含 2 和 15)，则输出 n 行由星号组成的正三角，否则输出"请输入一个 2～15 间的整数"。

课堂练习 4：输入一个整数 n，如果 n 在 2～15(包含 2 和 15)，则输出 n 行由星号组成的倒三角，否则输出"请输入一个 2～15 间的整数"。

思考：如何在【例 7-10】的基础上实现如图 7.6 所示的菱形图案。

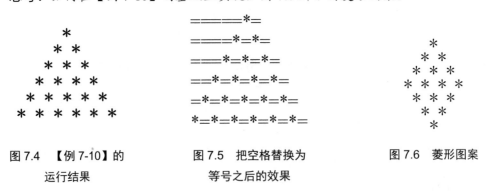

图 7.4 【例 7-10】的运行结果　　图 7.5 把空格替换为等号之后的效果　　图 7.6 菱形图案

7.5 foreach 语句

C#语言引入了一种新的循环类型——foreach。foreach 语句提供了一种简单、明了的方法来循环访问集合里的每个元素。可以把集合比喻为一个班级，班里有很多名学生，每名学生都是这个班的成员(元素)。本书所涉及的集合类型有字符串和数组。数组将在第 8 章进行讲述，并会大量使用 foreach 语句。

foreach 语句的表现形式如下所示。

```
foreach (类型 标识符 in 表达式)
{
    语句块
}
```

(1) 类型和标识符：用来声明循环变量。在这里，循环变量是一个只读型局部变量，如果试图改变它的值将引发编译时的错误。

(2) 表达式：必须是集合类型，该集合的元素类型必须与循环变量类型相兼容。也就是说，如果两者类型不一致，则必须把集合中的元素类型转换成循环变量元素类型。

(3) 语句块：一般用于对集合里的每个元素进行相应处理。这里需要注意的是，不能更改集合元素的值。

【例 7-11】 使用 foreach 语句实现字符串的连减。

(1) 示例代码。

```
1  string s = "abcde";
2  foreach (char c in s)
3  {
4      Console.Write(c + "-");
5  }
```

(2) 运行结果。

```
a-b-c-d-e-
```

(3) 代码分析。字符串类型的本质是多个字符的集合，可以使用 foreach 语句循环访问字符串中的每个字符。本例由于字符串 s 内有 5 个元素，所以 foreach 进行了 5 次循环。字符类型变量 c 每次循环的值都不同，依次等于字符串中的每个元素：a、b、c、d、e。本例只是简单地访问每个元素，并在每个元素后面添加一个减号并输出。

【例 7-12】 把字符变量 c 的类型改为整型。

(1) 示例代码。

```
1  string s = "abcde";
2  foreach (int c in s)
3  {
4      Console.Write(c + "-");
5  }
```

(2) 运行结果。

```
97-98-99-100-101-
```

字符类型可以隐式地转化为整型，这里，把每个字符转换成相应的 Unicode 编码，并输出出来。如果把本例的 foreach 语句改为

```
    foreach (bool c in s)
```

将导致编译错误，这是因为 char 类型无法转换为布尔类型。

【例 7-13】 在 foreach 循环体内改变元素的值。

(1) 示例代码。

```
1  string s = "abcde";
2  foreach (char c in s)
3  {
4      c = 'a';
5  }
6  Console.ReadLine();
```

(2) 运行结果：不能通过编译，出现以下错误。

```
"c"是一个"foreach 迭代变量"，无法为它赋值
```

【例 7-14】 使用 for 语句改写【例 7-11】。

(1) 示例代码。

```
1  string s = "abcde";
2  for (int i = 0; i < s.Length; i++)
3  {
4      Console.Write(s[i] + "-");
5  }
```

(2) 代码分析。本例中 s.Length 属性表示字符串 s 的长度。

建议在能使用 foreach 语句时，尽量不要使用 for 语句。这是因为 foreach 语句的运行速度大多数时候比 for 语句快，而且它更符合人的思维习惯，写出来的代码也更优美、易读。

7.6 break 语句和 continue 语句

7.6.1 break 语句

break 语句可以使用在 while、do…while、for、foreach 和 switch 语句中，可以用来从循环体内跳出，即提前结束循环，接着执行下面语句。在【例 7-2】中曾提到过，可以使用 while 语句配合 break 来实现相同的功能。

【例 7-15】 用 while 语句改写【例 7-2】。

(1) 示例代码。

```
1   int i = 0;
2   while(true)
3   {
4       Console.Write("请输入一个 0~9 之间的整数：");
5       i = int.Parse(Console.ReadLine());    //读取数字并放入变量 i
6       if (i < 0 || i > 9)                   //如果数字不在 0~9 之间
7       {
8           Console.Write("数字不在 0~9 之间！");
9       }
10      else
```

```
11      {
12          break;                              //跳出循环
13      }
14  }
15  Console.WriteLine("你输入了: " + i);         //输出合法的数字
```

(2) 运行结果。

```
请输入一个 0～9 之间的整数：20
数字不在 0～9 之间！请输入一个 0～9 之间的整数：-9
数字不在 0～9 之间！请输入一个 0～9 之间的整数：6
你输入了：6
```

(3) 代码分析。while 后的表达式使用了常量 true，表示条件永远为真，即循环会无休止地运行下去。它和 for(;;)的效果是一样的。这样就必须在循环体内使用 break 语句，使流程在一定条件下可以跳出循环。本例输入的数字在 0～9 时，就使用了 break 语句跳出循环。

注意：在嵌套循环中，break 语句只能跳出离自己最近的那一层循环。以下代码在执行了 break 之后，继续执行 "a = 1;" 处的语句，而不是跳出所有的循环。

```
for(;;)
{
    for(;;)
    {
        ...
        if(i==1)
            break;
        ...
    }
    a=1;  //break 跳至此处
}
```

7.6.2　continue 语句

continue 语句用在循环语句中，作用为结束本次循环，即跳过循环体中尚未执行的语句，接着判断是否执行下一次循环。

【例 7-16】　输出 10～20 中不能被 3 整除的数。

(1) 示例代码。

```
1  for (int i = 10; i <= 20; i++)
2  {
3      if (i % 3 == 0)
4      {
5          continue;    //跳到 for 处
6      }
7      Console.Write(i + " ");
8  }
```

(2) 运行结果。

```
10 11 13 14 16 17 19 20
```

(3) 代码分析。当 i 被 3 整除时，执行 continue 语句，结束本次循环，即跳过输出 i 的语句。只有 i 不能被 3 整除时，才执行输出 i 的语句。

当然，【例 7-16】的最佳书写形式为

```
for (int i = 10; i <= 20; i++)
{
    if (i % 3 != 0)
    {
        Console.Write(i + " ");
    }
}
```

这样的代码会更清晰些，【例 7-16】中使用 continue 语句仅是为了说明 continue 语句的作用。

实 训 指 导

1. 实训目的

(1) 掌握循环语句的基本编写方法。
(2) 利用循环语句实现较简单的程序逻辑。
(3) 掌握嵌套循环的使用方法。

2. 实训内容

实训项目一：输出九九乘法表。

(1) 示例代码。

```
1   for (int i = 1; i <= 9; i++)
2   {
3       for(int j=1; j<=i; j++)
4       {
5           Console.Write("{0,1}×{1,1}={2,-4}", j, i, j * i);
6       }
7       Console.WriteLine();
8   }
```

(2) 运行结果。

```
1×1=1
1×2=2  2×2=4
1×3=3  2×3=6   3×3=9
1×4=4  2×4=8   3×4=12  4×4=16
1×5=5  2×5=10  3×5=15  4×5=20  5×5=25
1×6=6  2×6=12  3×6=18  4×6=24  5×6=30  6×6=36
```

```
1×7=7    2×7=14   3×7=21   4×7=28   5×7=35   6×7=42   7×7=49
1×8=8    2×8=16   3×8=24   4×8=32   5×8=40   6×8=48   7×8=56   8×8=64
1×9=9    2×9=18   3×9=27   4×9=36   5×9=45   6×9=54   7×9=63   8×9=72   9×9=81
```

(3) 代码分析。本例使用嵌套循环的方法实现输出九九乘法表。外层循环输出一行，它的循环变量 i 作为右边乘数。内层循环输出每个乘法表达式，它的循环变量 j 作为左边乘数。

第 5 行代码 Console.WriteLine( )方法中的第 1 个参数是一个字符串，用于格式化字符串。大括号所占的位置将被后面的参数取代。大括号中有 2 个数字，用逗号分隔：左边的数字表示字符串后的第几个参数(从 0 开始)；右边的数字表示这个参数所占的位置为多少，正数表示右对齐，负数表示左对齐。格式化字符串示意如图 7.7 所示。

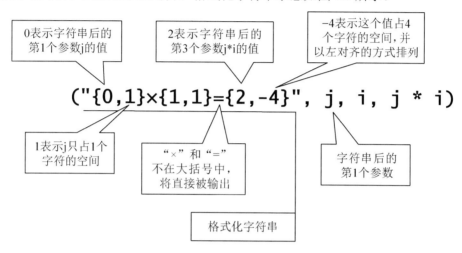

图 7.7　格式化字符串示意

思考：转换思路，输出如下所示的另一种形式的九九乘法表。

```
1×1=1    2×1=2    3×1=3    4×1=4    5×1=5    6×1=6    7×1=7    8×1=8    9×1=9
2×2=4    3×2=6    4×2=8    5×2=10   6×2=12   7×2=14   8×2=16   9×2=18
3×3=9    4×3=12   5×3=15   6×3=18   7×3=21   8×3=24   9×3=27
4×4=16   5×4=20   6×4=24   7×4=28   8×4=32   9×4=36
5×5=25   6×5=30   7×5=35   8×5=40   9×5=45
6×6=36   7×6=42   8×6=48   9×6=54
7×7=49   8×7=56   9×7=63
8×8=64   9×8=72
9×9=81
```

实训项目二：百钱百鸡问题。

有个著名的数学问题"百钱买百鸡"：公鸡每只 5 元，母鸡每只 3 元，小鸡每 3 只 1 元，用 100 元钱买 100 只鸡，要求每种鸡都有。如何买？有几种买法？

这样的问题如果让人去算还是很困难的，但解决这样的问题正是计算机的长处。使用穷举法把每种存在的可能一一列出，然后找到符合要求的答案，计算机只需瞬间即可完成。

先对这个问题进行如下分析。

(1) 公鸡每只 5 元，100 元钱可以买 20 只公鸡，但每种鸡都要有，1 只母鸡+1 只小鸡需要 3.33 元，公鸡的数目在 1～19 之间。

(2) 母鸡每只 3 元，100 元钱可以买 33 只，减去 1 只公鸡和 1 只小鸡的钱，可买 31 只。母鸡的数目在 1~31 只之间。

(3) 假设公鸡和母鸡的数目可以确定，那么就可以知道用 100 元钱买公鸡和母鸡所剩下的钱能买多少只小鸡了。假设公鸡为 x 只，母鸡为 y 只，那么小鸡数量 z 的值为

$$z = 3(100 - 5x - 3y)$$

这样，只需要判断 $x+y+z$ 的值是不是 100 就可以了。

(1) 示例代码。

```
1   for (int x = 1; x <= 19; x++)                //公鸡数目
2   {
3       for (int y = 1; y <= 31; y++)            //母鸡数目
4       {
5           int z = 3 * (100 - 5 * x - 3 * y);   //小鸡的数目
6           if (x + y + z == 100)                //如果三种鸡的数目和等于100
7           {   //输出符合条件的结果
8               Console.WriteLine("公鸡={0,-5} 母鸡={1,-5} 小鸡={2,-5}", x, y, z);
9           }
10      }
11  }
```

(2) 运行结果。

```
公鸡=4     母鸡=18    小鸡=78
公鸡=8     母鸡=11    小鸡=81
公鸡=12    母鸡=4     小鸡=84
```

本 章 小 结

本章详细介绍了 C#语言中的 while 语句、do…while 语句、for 语句、break 语句和 continue 语句的使用方法。循环语句和判断语句是实现程序逻辑的重要方法，在后面章节中会大量使用循环语句和判断语句。它们的灵活应用需要经过大量的练习和实践。

习 题

1. 填空题

(1) ＿＿＿＿、＿＿＿＿和＿＿＿＿是结构化程序 3 种基本结构。

(2) 对 while 关键字后的表达式进行判断，一直到表达式返回＿＿＿＿值时才会跳出语句块。

(3) do…while 语句是先＿＿＿＿，再＿＿＿＿。

(4) 一个循环体内又包含另一个完整的循环结构，称为＿＿＿＿。

(5) 运行以下程序段，a 的结果是_____。

```
int i=1,a=0,s=1;
do{a = a+s*i;s=-s;i++;}
while(i<=10);
```

(6) 要使以下程序段输出 10 个整数，请填入一个整数_____。

```
for(int i=0;i<=____;i+=2)
{
Console.WriteLine(i);
}
```

(7) 以下程序执行后 sum 的值是_____。

```
int sum=1;
for(int i=1;i<6;i++)
    sum+=i;
```

(8) 以下语句的执行次数是_____。

```
for(int i=0,j=1;i<=j+1;i+=2,j--)
```

2. 判断题

(1) goto 语句使程序流程无规律、可读性差、有可能导致程序的行为无法预知。
(　　)
(2) while 语句先执行循环体，再判断条件是否为真。(　　)
(3) 若 while 表达式后面加"；"则不能进入循环体。(　　)
(4) for 语句的表达式不可以是逗号表达式。(　　)
(5) for 语句的 3 个表达式都可以省略。(　　)
(6) for 语句比 while 语句功能强，除了可以给出循环条件，还可以赋初值，使循环变量自动变化等。(　　)
(7) 3 种循环(while、do…while 和 for)可以互相嵌套。(　　)
(8) break 语句能跳出循环体内所有的循环。(　　)

3. 选择题

(1) 设有程序段

```
int i=10;
while(i==0)
    i=i-1;
```

以下描述中正确的是(　　)。
  A. while 循环执行 10 次　　　　B. 循环是无限循环
  C. 循环语句一次也不执行　　　　D. 循环语句执行一次

(2) 以下程序段的运行结果是(　　)。

```
int i=0;
```

```
while(i++<=2);
Console.WriteLine(i);
```

  A. 2   B. 4   C. 3   D. 有语法错误

(3) 以下程序段的运行结果是(　　)。

```
int num=0;
while(num<=2)
{
    num++;
    Console.WriteLine(num);
}
```

  A. 1   B. 1   C. 1   D. 1
          2   2   2
                3   3
                      4

(4) 若有语句

```
int x=1;
do{ Console.WriteLine(x-=2);}
while(x<0);
```

则(　　)。

  A. 输出的是 1   B. 输出的是 1 和–2
  C. 输出的是 3 和 0   D. 是死循环

(5) 以下循环执行次数是(　　)。

```
for(int i=2;i==0;)
Console.WriteLine(i--);
```

  A. 无限次   B. 0 次   C. 1 次   D. 2 次

(6) 执行语句

```
int i;
for(i=1;i++<4;);
```

后变量 i 的值是(　　)。

  A. 3   B. 4   C. 5   D. 不定

(7) 运行以下程序段,结果是(　　)。

```
Double k,t;
int n;
t=1;
for(n=1;n<=10;n++)
  {
    for(k=1;k<=5;k++)
    t=t+k;
```

```
        }
        Console.WriteLine(t);
```

  A. 150   B. 152   C. 149   D. 151

(8) 以下描述正确的是( )。

  A. continue 语句的作用是结束整个循环的执行

  B. 只能在循环体内和 switch 语句体内使用 break 语句

  C. 在循环体内使用 break 语句或 continue 语句的作用是相同的

  D. 从多层循环嵌套中退出时，只能使用 goto 语句

4. 简答题

(1) 简述 do…while 语句的表现形式。

(2) 简述 for 语句的用法。

5. 编程题

(1) 输出 1～100 中不能被 7 整除的数。

(2) 求 1～100 的所有奇数和。

(3) 输出字母表及其对应的 ASCII 码。

(4) 预估一个职员在 65 岁退休之前能赚到多少钱。用年龄和起始薪水作为输入，并假设职员每年工资增长 5%。

(5) 计算复利存款，要求以本金、年利率及存款周期(年)作为输入，计算并输出存款周期中每年年终的账面金额。

计算公式为

$$a = p(r+1)^n$$

式中，p 是本金；r 是年利率；n 是年数；a 是在第 n 年年终得到的复利存款。

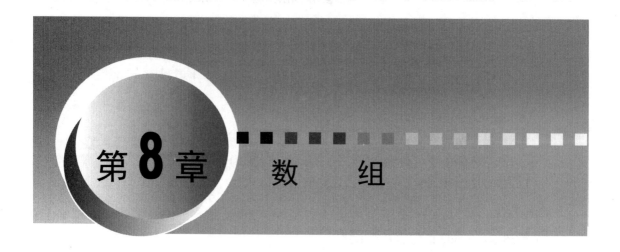

第8章 数　组

 教学提示

前面介绍的整型、浮点型、布尔型、字符型等都是一些简单的数据类型，这些数据类型可以用来存放一些简单变量。然而，在实际应用中，常需要处理同一类型的成批数据，如表示一个数列$(a_1,a_2,\cdots,a_n)$、一个矩阵等。这就需要引入数组的概念。利用数组可以方便、灵活地组织和使用以上类型的数据。

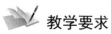 **教学要求**

知识要点	能力要求	相关知识
一维数组	(1) 能够声明并创建一维数组 (2) 能够正确初始化一维数组 (3) 掌握值类型和引用类型在使用上的区别	(1) 数组的概念 (2) 数组的声明和初始化 (3) 数组的访问和读取 (4) 值类型和引用类型
多维数组	(1) 能够声明并创建二维数组 (2) 能够正确初始化二维数组 (3) 掌握二维数组的操作方法 (4) 能够使用数组实现特定的数据结构	(1) 二维数组的概念 (2) 二维数组的声明和初始化 (3) 二维数组的访问和读取
动态数组	(1) 能够熟练使用 ArrayList (2) 理解 ArrayList 和 Array 之间的区别	(1) ArrayList 的声明和初始化 (2) ArrayList 的一些常用方法

前文介绍过的变量都是一次存放一个数据。在程序处理中，可以改变这些变量的值。许多大型程序需要处理的信息和数据都是非常庞大的，处理这类问题时，如果使用单个变量对每个数据进行定义，那么数据表达就会很繁杂。例如，求 100 名学生的某个课程成绩至少需要 100 个变量，而且为了给这些变量赋值，就需要 100 条语句代码。因此程序设计语言往往需要构造新的数据表达以适应大型数据处理的需要。

数组(Array)，或称数组数据类型，就是针对这类问题而构造的一种新的数据表达。数组是具有相同类型的一组数据。数组按照数组名、数据元素的类型和维数来描述。当访问数组中的数据时，可以通过下标来指明。数组具有以下一些属性。

(1) 数组可以是一维、多维或交错的。
(2) 数值数组元素的默认值为 0 或空。
(3) 数组的索引从 0 开始：具有 n 个元素的数组的索引是 0～n-1。
(4) 数组元素可以是任何类型，包括数组类型。

8.1 一 维 数 组

8.1.1 一维数组的声明与创建

1. 数组的声明

在 C#语言中，声明一维数组的方式是在类型名称后添加一对方括号。

`数据类型[ ] 数组名;`

例如，下列语句定义了一个整型数组 myArray。

`int[ ] myArray;`

数组的大小不是其类型的一部分，声明一个数组时，不用理会数组的长度。

2. 数组对象的创建

声明数组并不是实际创建它们，在 C#语言中使用 new 关键字创建数组的对象。

`数组名=new 数据类型[数组大小表达式];`

例如，下列语句对已声明的 myArray 数组创建一个由 5 个整型数据组成的数组。

`myArray = new int[5];`

此数组包含 myArray[0]～myArray[4]这几个元素。new 运算符用于创建数组并将数组元素初始化为它们的默认值。在此例中，所有数组元素都初始化为 0。

也可以在声明数组的同时创建一维数组，如下列语句声明并创建了一个由 6 个字符串元素组成的数组 myStringArray。

`string[] myStringArray = new string[6];`

此数组包含 myStringArray [0]～myStringArray [5]这几个元素，数组元素初始化为空字符串。

数组的 Length 属性保存数组中当前包含的元素总数，一维数组的长度可通过以下方法获得。

```
int[] myArray=new int[8];        //声明一个整型数组，并将其长度初始化为 8
int n=myArray.Length;            //现在 n 获得数组 myArray 的长度(大小)，值为 8
```

8.1.2 一维数组的初始化

C#语言在声明数组的同时对其初始化提供了简捷的方法，只需将初始值放在大括号"{ }"内即可。

```
数据类型[ ]  数组名=new 数据类型[ ] {初值表}
```

其中，初值表中的数据用逗号分隔。例如，下列语句创建一个长度为 5 的整型数组(这种情况下，数组的长度由大括号中的元素个数来确定)，其中每个数组元素被初值表中的数据初始化。

```
int[] myArray = new int[] {1, 3, 5, 7, 9};
```

可以用相同的方式初始化字符串数组。下列语句声明了一个长度为 3 的字符串数组，并用人名进行初始化。

```
string[] stuName = new string[] {"John", "Tom", "Machael"};
```

如果在声明数组时将其初始化，还可省略 new 语句而使用下列快捷方式。

```
int[] myArray = {1, 3, 5, 7, 9};
string[] weekDays = {"Sun","Sat","Mon","Tue","Wed","Thu","Fri"};
```

注意：如果声明一个数组但不将其初始化，在使用数组时才使用 new 运算符将其实例化。

```
int[] myArray;
myArray = new int[]{1, 3, 5, 7, 9};
```

在这种情况下不能省略 new。

```
int[] myArray;
myArray = {1, 3, 5, 7, 9};      //该语句是错误的
```

8.1.3 一维数组元素的访问

访问一维数组元素的方式为

```
数组名[下标]
```

数组元素访问的结果是变量，即由下标选定的数组元素。下标可以是整型常数或整型表达式。在 C#语言中，数组从 0 开始建立索引，即元素的下标从 0 开始编号，下标最大值为数组的长度减 1。

```
int[] arr = {1, 3, 5, 7, 9};
```

执行后，数组元素按顺序排列如图 8.1 所示。

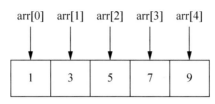

图 8.1 数组元素按顺序排列

1. 像访问变量一样直接给数组元素赋值

可以通过索引访问数组中的每一个元素。在数组变量名后的中括号内使用索引号，就可以访问相应序号的元素，如图 8.1 所示。

例如，下列语句声明并创建一个大小为 5 的整型数组 a，并给数组元素 a[0]、a[4]赋值。

```
int[] a = new int[5];
a[0] = 10;              //给 a[0]赋值 10
a[4] = a[0];            //给 a[4]赋值 a[0]，最终 a[4]也将获得整数 10 的值
```

2. 使用循环语句给数组的每个元素赋值

例如，下列语句使用 for 循环给数组的每个元素赋值 100。

```
int[] myArray = new int[10];         //声明一个长度为 10 的数组
for (int i = 0; i < 10; i++)
{   //使用循环给数组中的每个元素都赋值为 100
    myArray[i] = 100;
}
```

需要注意的是，循环的退出条件 i<10，这里尽量不要使用常数，因为根本没有 myArray[10]这个元素，如果不小心把 10 写成 11，将引发异常。这里应该访问数组 Length 属性来获取数组的长度，如 i＜myArray.Length。将以上代码进行如下更改将更为合理。

```
int[] myArray = new int[10];         //声明一个长度为 10 的数组
for (int i = 0; i < myArray.Length; i++)
{   //使用循环将数组中的每个元素都赋值为 100
    myArray[i] = 100;
}
```

在编程中，经常需要对一些元素进行排序，排序有很多种方法，这里只介绍一种比较简单的方法——冒泡排序法。

视频 8.1：冒泡排序法

视频演示了冒泡排序算法的演算过程及如何将算法思想转化为代码。

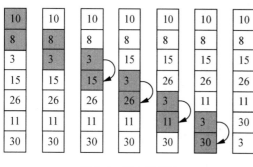

图 8.2 第 1 轮排序

冒泡排序法的思想：假设有 n 个元素按递减的顺序排序，首先进行第 1 轮排序：从数组的第 1 项开始，每一项(i)都与下一项(i+1)进行比较，如果下一项的值较大，就将这两项的位置进行交换，直到第 n-1 与第 n 项进行比较，将最小的数排列在最后，如图 8.2 所示。然后进行第 2 轮排序：从数组的第 1 项开始，每一项(i)都与下一项(i+1)进行比较，如果下一项的值较大，就将这两项的位置进行交换，直到第 n-2 与第 n-1 项进行比较，将最小的数排列在最后。依次类推，直到只有第 1 项与第 2 项进行比较交换，最后完成递减排序。

【例 8-1】 定义一个包含 10 个元素的整型数组并对其进行初始化，然后使用冒泡排序法将数组每个元素按从大到小进行排序输出。

(1) 示例代码。

```
1   int[] arr = new int[] { 10, 8, 3, 15, 26, 11, 30 };
2   for (int j = 1; j < arr.Length; j++)
3   {    //外层循环每次把参与排序的最小数排在最后
4       for (int i = 0; i < arr.Length - j; i++)
5       {   //内层循环负责对比相邻的两个数，并把小的排在后面
6           if (arr[i] < arr[i + 1])
7           {   //如果前一个数小于后一个数，则交换两个数
8               int temp = arr[i];
9               arr[i] = arr[i + 1];
10              arr[i + 1] = temp;
11          }
12      }
13  }
14  for (int i = 0; i < arr.Length; i++)
15  {   //用一个循环访问数组里的元素并输出
16      Console.Write(arr[i] + " ");
17  }
```

(2) 运行结果。

```
30 26 15 11 10 8 3
```

(3) 代码分析。本例使用一个嵌套循环实现了冒泡排序法，程序的最后 4 行代码演示了如何使用 for 循环遍历一个数组的所有元素，但还有一种更为简便的方法，就是使用第 7.5 小节所介绍的 foreach 语句。只需把本例中的最后 4 行代码更改成以下内容。

```
foreach (int i in arr)
{   //用一个 foreach 语句访问数组中的元素并输出
    Console.Write(i + " ");
}
```

注意：foreach 语句只能用于访问数组中的元素，不能对数组元素进行更改。如果只是读取数组中的每个元素而不是更改，应该尽量使用 foreach 语句来完成。它有着更快的速度和更好的可读性。另外，使用 foreach 语句访问数组是非常安全的，它不会出现诸如数组下标值超过数组的长度而导致异常的情况。

课堂练习 1：声明一个有 10 个正整数的数组，计算并输出这 10 个数的平均值。

8.1.4 值类型和引用类型

前文介绍的基本数据类型是值类型，到目前为止学过的类型只有数组和字符串类型是引用类型。值类型和引用类型的区别在于，值类型在栈(Stack)上分配，而引用类型在堆(Heap)上分配。这里不需要理解什么是栈什么是堆，只需要知道栈和堆是内存中两片不同的区域即可。数组属于引用类型。

```
int[] arr = {1, 3, 5, 7, 9};
```

执行完毕后，它在内存中的分布如图 8.3 所示。由图可知，数组的各个元素在堆中分配，并按顺序依次排列。而变量 arr 分配于栈上，它存放的是一个内存地址的指针，这个指针指向堆中数组元素的地址。也就是说，可以通过变量 arr 找到堆上的数组元素。下面用一个例子来演示值类型和引用类型的异同。

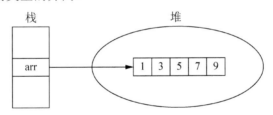

图 8.3 数组在内存中的分布

【例 8-2】 值类型和引用类型的赋值。

(1) 示例代码。

```
1  //-------------------------------------------------值类型演示
2  int i1 = 100;                                    //变量 i1 的值为 100
3  int i2 = i1;                                     //把变量 i1 的值 100 赋给变量 i2
4  i1 = 50;                                         //把变量 i1 的值改变为 50
5  Console.WriteLine("i1=" + i1 + "; i2=" + i2);
6  //-------------------------------------------------引用类型演示
7  int[] arr1 = { 1, 3, 5, 7, 9 };                  //初始化数组 arr1
8  int[] arr2 = arr1;                               //把 arr1 的值赋给 arr2
9  arr1[0] = 500;                                   //改变数组 arr1 第 1 个元素的值
10 Console.Write("数组 arr1 的值为: ");              //输出数组 arr1 各元素的值
11 foreach (int i in arr1)
12 {
13     Console.Write(i + " ");
14 }
15 Console.Write("数组 arr2 的值为: ");              //输出数组 arr2 各元素的值
16 foreach (int i in arr2)
```

```
17    {
18        Console.Write(i + " ");
19    }
```

(2) 运行结果。

```
i1=50;i2=100
数组 arr1 的值为：500  3  5  7  9    数组 arr2 的值为：500  3  5  7  9
```

(3) 代码分析。第 2～5 行代码演示了值类型的赋值。int 是一个值类型，变量 i1 和 i2 在栈上分配。首先 i1 的值为 100，然后把 i1 的值赋给 i2，这样 i2 的值也变为 100，如图 8.4 所示。第 4 行代码把 i1 的值改变为 50，如图 8.5 所示，i1 和 i2 的值分别为 50 和 100。这样的结果很容易理解，也符合人的一般思维习惯。

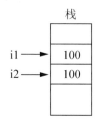
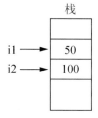

图 8.4 第 3 行代码的运行结果   图 8.5 第 4 行代码的运行结果

第 7～19 行代码演示了引用类型的赋值。根据结果可以得知，更改 arr1 的值的同时 arr2 的值也被更改了。array 是一种引用类型，第 7 行代码首先是在栈上分配了一个 arr1 变量，然后在堆上初始化一个有 5 个元素的数组对象，最后把数组对象在堆上的地址(内存地址实际就是一个整数，这里假设是 2046)赋给变量 arr1，如图 8.6 所示。

第 8 行代码声明了一个数组变量 arr2，并把 arr1 的值赋给 arr2。arr1 把它的值 2046 赋给了 arr2，而 2046 正好指向了堆中的数组对象，arr2 和 arr1 表示的其实是同一个数组，只不过起了不同的名字而已。比如"笔记本电脑"和"手提电脑"都是同一样东西，只是叫法不同。

第 9 行代码改变了数组 arr1 的第 1 个元素的值，如图 8.7 所示，由于 arr2 指向的也是这个数组对象，所以数组 arr2 的值也改变了。

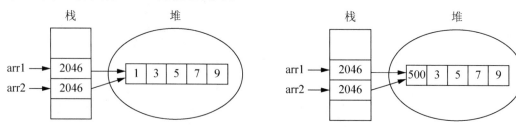

图 8.6 第 7 行代码的运行结果   图 8.7 第 9 行代码的运行结果

如果希望 arr2 所得到的是一个新的数组对象，可以使用 CopyTo( )方法进行复制。

【例 8-3】 复制数组。

(1) 示例代码。

```
1    int[] arr1 = { 1, 3, 5, 7, 9 };
2    int[] arr2 = new int[arr1.Length];    //声明一个长度与 arr1 一样的数组 arr2
```

```
3    arr1.CopyTo(arr2, 0);              //从 arr1 复制数组元素
4    arr1[0] = 500;
5    Console.Write("数组 arr1 的值为：");
6    foreach (int i in arr1)
7    {
8        Console.Write(i + " ");
9    }
10   Console.Write("数组 arr2 的值为：");
11   foreach (int i in arr2)
12   {
13       Console.Write(i + " ");
14   }
```

(2) 运行结果。

```
数组 arr1 的值为：500  3  5  7  9   数组 arr2 的值为：1  3  5  7  9
```

(3) 代码分析。这一次，数组 arr2 的值不再因为 arr1 的改变而改变。第 2 行代码声明了一个长度与 arr1 一样的数组，并没有给元素赋值。第 3 行代码调用了 CopyTo( )方法将 arr1 数组的各个元素复制到 arr2 数组中。CopyTo( )方法的第 2 个参数表示从第几个元素开始复制。

通过以上例子可以总结出，值类型对象之间赋值将复制对象的内容，引用类型对象之间的赋值则只是复制对象的引用地址，而不是对象的内容。字符串类型也是引用类型，大家很容易想到它的行为将和数组一样。

【例 8-4】 字符串类型的赋值。

(1) 示例代码。

```
1    string s1 = "John";
2    string s2 = s1;
3    s1 = "Tom";
4    Console.Write("s1=" + s1 + "  s2=" + s2);
```

(2) 运行结果。

```
s1=Tom   s2=John
```

(3) 代码分析。这样的结果和事先猜想的并不一样，更改 s1 的值并没有对 s2 造成影响，它的行为更像是值类型。其实字符串是一种特殊的引用类型，它是不可变的(Immutable)。也就是说，字符串在创建之后再也不能改变，其中包括变长、变短，或者修改其中的任何字符。本例中改变字符串的行为将导致一个新的字符串产生。字符串的另一个特性是不可重复性，任何重复的字符串在内存中只会存在一份副本，如无论将字符串"John"赋给多少个变量，所有这些变量都会指向堆中的同一个"John"。C#语言之所以将字符串设计得如此特殊，主要原因是在程序中使用得最多的数据类型就是字符串，字符串的处理速度在很大程度上决定了程序的运行速度。不可变性使得多线程访问字符串变得非常简单，无须进行特殊处理；不可重复性则大大节省了程序运行中的内存使用。

第 2 行代码运行完毕后，变量 s1 和 s2 同时指向堆中的字符串对象 John，如图 8.8 所

示。第 3 行代码改变了字符串 s1 的值，其实是在堆中产生一个新的字符串对象 Tom，并将变量 s1 的指针指向 Tom 对象，如图 8.9 所示。

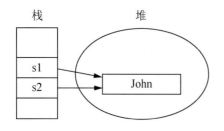

图 8.8　第 2 行代码的运行结果

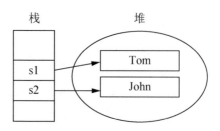

图 8.9　第 3 行代码的运行结果

8.2　多维数组

除一维数组之外，C#语言还支持二维数组、三维数组等多维数组。一维数组由排列在一行中的所有元素组成，它只有一个索引。二维数组有两个索引(索引号从 0 开始)，其中一个表示行、一个表示列。从概念上讲，二维数组就像一个具有行和列的表格。

8.2.1　多维数组的声明与创建

下列语句声明并创建了一个 3 行 2 列的二维数组。

```
int[,] arr=new int[3,2];
```

把二维数组中的元素按 3 行 2 列的形式排列后效果见表 8-1。

表 8-1　二维数组中的元素按 3 行 2 列的形式排列后效果

arr[0,0]	arr[0,1]
arr[1,0]	arr[1,1]
arr[2,0]	arr[2,1]

若要将第 3 行第 2 列的元素赋值为 10，则表示为以下内容。

```
arr[2,1]=10;
```

下列语句声明并创建了一个三维数组。

```
int[,,] arr=new int[4,2,3];
```

说明：在声明或创建数组时，[ ]内的逗号数目加 1 即为维度数。

8.2.2　多维数组的初始化

(1) 可以在声明数组时对其进行初始化。

```
int[,] numbers = new int[3, 2] { {1, 2}, {3, 4}, {5, 6} };
string[,] names = new string[2, 2] { { "A1", "A2" }, { "B1", "B2" } };
```

(2) 可省略数组的大小。

```
int[,] numbers = new int[,] { { 1, 2 }, { 3, 4 }, { 5, 6 } };
string[,] names = new string[,] { { "A1", "A2" }, { "B1", "B2" } };
```

(3) 如果提供了初始值设定项，则可以省略 new 运算符。

```
int[,] numbers = { { 1, 2 }, { 3, 4 }, { 5, 6 } };
string[,] names = { { "A1", "A2" }, { "B1", "B2" } };
```

8.2.3 多维数组的操作

二维数组元素的引用方式如下所示。

数组名[下标表达式1,下标表达式2]

多维数组元素的引用方式如下所示。

数组名[下标表达式1,下标表达式2,…,下标表达式n]

与一维数组相同，多维数组元素的下标也是从 0 开始编号。另外，数组的维度存放在属性 Rank 中，每一维的长度可以通过 GetLength( )方法得到。维度的最小下标值始终是 0，最大下标值是由该维的 GetUpperBound( )方法返回的。注意：传递给 GetLength( )和 GetUpperBound( )的参数是从 0 开始计数的。

```
arr.GetLength(0)          //返回数组 arr 的第 1 维的长度
arr.GetLength(1)          //返回数组 arr 的第 2 维的长度
arr.GetUpperBound(0)      //返回第 1 维的最大下标值
arr.GetUpperBound(1)      //返回第 2 维的最大下标值
```

注意：

arr.GetUpperBound(0)相当于 arr.GetLength(0)-1；
arr.GetUpperBound(1)相当于 arr.GetLength(1)-1。

通过数组的 Length 属性可以获取其总的大小，它保存数组中当前包含的元素总数。对于一维数组，Length 属性的值和 GetLength(0)方法返回的值相同。

【例 8-5】 获取数组属性。

(1) 示例代码。

```
1  int[, ,] arr = new int[4, 5, 6];
2  Console.WriteLine("数组 arr 的维度是："+arr.Rank);
3  Console.WriteLine("第一维的长度： " + arr.GetLength(0));
4  Console.WriteLine("第二维的长度： " + arr.GetLength(1));
5  Console.WriteLine("第一维的最大下标值： " + arr.GetUpperBound(0));
6  Console.WriteLine("第二维的最大下标值： " + arr.GetUpperBound(1));
```

(2) 运行结果。

```
数组 arr 的维度是：3
第一维的长度：4
```

第二维的长度：5
第一维的最大下标值：3
第二维的最大下标值：4

【例 8-6】 遍历一个 4 行 2 列的整型二维数组。

(1) 示例代码。

```
1   int[,] arr = new int[4, 2] { { 1, 2 }, { 3, 4 }, { 5, 6 }, { 7, 8 } };
2   //通过两次 for 循环遍历二维数组
3   for (int i = 0; i < arr.GetLength(0); i++)
4   {
5       for (int j = 0; j < arr.GetLength(1); j++)
6       {   //输出每个二维数组元素
7           Console.Write("arr[{0},{1}]={2}  ", i, j, arr[i, j]);
8       }
9       Console.WriteLine(); //换行
10  }
```

(2) 运行结果。

```
arr[0,0]=1  arr[0,1]=2
arr[1,0]=3  arr[1,1]=4
arr[2,0]=5  arr[2,1]=6
arr[3,0]=7  arr[3,1]=8
```

【例 8-7】 使用 foreach 语句遍历二维数组。

(1) 示例代码。

```
1   int[,] arr = new int[4, 2] { { 1, 2 }, { 3, 4 }, { 5, 6 }, { 7, 8 } };
2   foreach (int i in arr)
3   {
4       Console.Write(i+" ");
5   }
```

(2) 运行结果。

```
1 2 3 4 5 6 7 8
```

8.2.4 数组示例

下面通过编写一个小游戏来演示如何灵活地使用数组。

视频 8.2：拼数字游戏-上

(1) 界面设计
(2) 抽题算法

	视频 8.3：拼数字游戏-下 (3) 如何使用单重循环遍历二维数组 (4) 如何将鼠标的点击坐标转换为按钮的数组下标 (5) 判断按钮是否可以移动 (6) 判断游戏是否已经结束

【例 8-8】 拼数字游戏。

拼数字游戏的界面如图 8.10 所示，有一个方块是空的，这里隐含着一个没有显示的 1~9 的数字。单击空的方块周围的任一数字，可以把该数字移动到这个位置。直到数字排列成图 8.11 所示，便完成游戏，并显示出隐藏的数字。

图 8.10 拼数字游戏的界面

图 8.11 数字排列结果

(1) 新建一个 MAUI 应用程序，并将项目命名为 NumGame。
(2) MainPage.xaml 中的 UI 代码。

```
<VerticalStackLayout>
    <Grid Margin="10" HeightRequest="330" WidthRequest="330"
    RowDefinitions="*,*,*" ColumnDefinitions="*,*,*"
    BackgroundColor="Gray">
        <Button x:Name="btn1" Text="1" BackgroundColor="Orange"
            FontSize="62" CornerRadius="0" ZIndex="0"
            Clicked="Button_Clicked"/>
        <Button x:Name="btn2" Text="2" Grid.Row="0" Grid.Column="1"
            BackgroundColor="Orange" FontSize="62" ZIndex="1"
            CornerRadius="0" Clicked="Button_Clicked"/>
        <Button x:Name="btn3" Text="3" Grid.Row="0" Grid.Column="2"
            BackgroundColor="Orange" FontSize="62" ZIndex="2"
            CornerRadius="0" Clicked="Button_Clicked"/>
        <Button x:Name="btn4" Text="4" Grid.Row="1" Grid.Column="0"
            BackgroundColor="Orange" FontSize="62" ZIndex="3"
            CornerRadius="0" Clicked="Button_Clicked"/>
        <Button x:Name="btn5" Text="5" Grid.Row="1" Grid.Column="1"
            BackgroundColor="Orange" FontSize="62" ZIndex="4"
```

```
                CornerRadius="0" Clicked="Button_Clicked"/>
            <Button x:Name="btn6" Text="6" Grid.Row="1" Grid.Column="2"
                BackgroundColor="Orange" FontSize="62" ZIndex="5"
                CornerRadius="0" Clicked="Button_Clicked"/>
            <Button x:Name="btn7" Text="7" Grid.Row="2" Grid.Column="0"
                BackgroundColor="Orange" FontSize="62" ZIndex="6"
                CornerRadius="0" Clicked="Button_Clicked"/>
            <Button x:Name="btn8" Text="8" Grid.Row="2" Grid.Column="1"
                BackgroundColor="Orange" FontSize="62" ZIndex="7"
                CornerRadius="0" Clicked="Button_Clicked"/>
            <Button x:Name="btn9" Text="9" Grid.Row="3" Grid.Column="2"
                BackgroundColor="Orange" FontSize="62" ZIndex="8"
                CornerRadius="0" Clicked="Button_Clicked"/>
        </Grid>
        <Button Text="开始游戏" WidthRequest="120" Margin="20"
            Clicked="BtnPlay_Clicked"/>
</VerticalStackLayout>
```

(3) MainPage.xaml.cs 中的程序代码。

```
1   Button[,] arrBtn = new Button[3, 3];        //存放按钮控件的二维数组
2   int unRow = 0, unCol = 0;                   //记录不可见按钮的下标
3
4   //开始游戏按钮事件
5   private void BtnPlay_Clicked(object sender, EventArgs e)
6   {   //将9个按钮依次装入二维数组中以方便控制
7       arrBtn[0, 0] = btn1;
8       arrBtn[0, 1] = btn2;
9       arrBtn[0, 2] = btn3;
10      arrBtn[1, 0] = btn4;
11      arrBtn[1, 1] = btn5;
12      arrBtn[1, 2] = btn6;
13      arrBtn[2, 0] = btn7;
14      arrBtn[2, 1] = btn8;
15      arrBtn[2, 2] = btn9;
16      arrBtn[unRow, unCol].IsVisible = true;
17      int[] arrNum = { 1, 2, 3, 4, 5, 6, 7, 8, 9 };
18      Random rm = new Random();               //初始化随机函数类
19      //抽题算法
20      for (int i = 0; i < 8; i++)
21      {
22          int rmNum = rm.Next(i, 9);          //随机数大于等于i，小于9
23          int temp = arrNum[i];               //交换数组中两个元素的值
24          arrNum[i] = arrNum[rmNum];
25          arrNum[rmNum] = temp;
26      }
27      //把一维数组的数字依次在二维数组中的按钮控件上显示
28      for (int i = 0; i < 9; i++)
```

```csharp
29      {
30          arrBtn[i / 3, i % 3].Text = arrNum[i].ToString();
31      }
32      int cover = rm.Next(0, 9);          //生成一个随机数用于掩盖某个数字
33      unRow = cover / 3;                   //转化为不可见按钮在二维数组中的行下标
34      unCol = cover % 3;                   //转化为列下标
35      arrBtn[unRow, unCol].IsVisible = false;        //让这个按钮不可见
36  }
37
38  //数字按钮共用事件
39  private void Button_Clicked(object sender, EventArgs e)
40  {
41      int row = ((Button)sender).ZIndex / 3;   //计算单击的按钮的行下标
42      int col = ((Button)sender).ZIndex % 3;   //计算单击的按钮的列下标
43      if (Math.Abs(row - unRow) + Math.Abs(col - unCol) == 1)
44      {   //判断方块是否可以移动,如果可以则交换按钮显示的数字
45          string temp = arrBtn[unRow, unCol].Text;
46          arrBtn[unRow, unCol].Text = arrBtn[row, col].Text;
47          arrBtn[row, col].Text = temp;
48          arrBtn[unRow, unCol].IsVisible = true;
49          arrBtn[row, col].IsVisible = false;
50          unRow = row;                            //设置新的不可见按钮的下标值
51          unCol = col;
52      }
53      for (int i = 0; i < 9; i++)
54      {   //判断是否已成功排列数字
55          if (arrBtn[i / 3, i % 3].Text != Convert.ToString(i + 1))
56          {
57              break;
58          }
59          if (i == 8)
60          {   //游戏成功,显示被掩盖的数字
61              arrBtn[unRow,unCol].IsVisible = true;
62              DisplayAlert("消息", "恭喜您通过了游戏!","确定");
63          }
64      }
65  }
```

(4) 代码分析。数组的一个很大的优点是它的元素可以是任何对象,甚至是窗体控件。本例把 9 个 Button 控件放在一个 3×3 的二维数组之内,正好可以表示为一个 3×3 矩阵。这样,可以很方便地判断是否单击了与空方块相邻的数字。

第 7~15 行代码将 9 个 Button 控件装入二维数组。其实更规范的解决方法应该是动态生成 Button 控件,并将其装入二维数组,但使用的代码会多一些,这一点将在本章实训指导中进行演示。

第 16 行代码是为了防止单击两次【开始游戏】按钮,而导致出现两块空方块。

第 20~26 行代码的作用是快速生成一组指定范围的没有重复的随机数。它的原理是首

先生成 0~8 之间的随机数，然后找到下标为这个随机数的元素，让它与第 1 个元素进行交换；然后生成 1~8 之间的随机数，把相应的元素与第 2 个元素进行交换；如此反复，一直到生成 7~8 的随机数，把相应的元素与第 8 个元素进行交换，包括自己与自己交换。

第 28~31 行代码使用单层 for 循环按顺序遍历二维数组。

第 43~52 行代码的作用是判断被单击的方块是不是空方块的相邻方块，如果是，则移动它至空方块处，并使原来的位置变为空(其实没有移动标签，只是简单地互换数字并设置可见性)。其中 Math.Abs( )方法的作用是取绝对值。代码如下：

```
if (Math.Abs(row - unRow) + Math.Abs(col - unCol) == 1)
```

用于判断单击的方块是否距空方块只有 1 步之遥。一个方块一次只能在水平或垂直方向上移动 1 格，这样起点和终点的 X 坐标或 Y 坐标必定有一个相等而另一个相差 1。

第 53~64 行代码判断方块是否已经按顺序排列好，如果排列好了，就显示被掩盖的方块并提示游戏结束。

思考： 输入一个正整数 n(1≤n≤10)，输出一个 n×n 的螺旋矩阵。

输入：3

输出：

```
9 8 7
2 1 6
3 4 5
```

输入：5

输出：

```
25  24  23  22  21
10   9   8   7  20
11   2   1   6  19
12   3   4   5  18
13  14  15  16  17
```

8.3 动态数组

所谓动态数组，就是在程序运行时可以动态地改变数组的长度。在 C#语言中并没有真正意义上的动态数组，如果需要在程序中动态地改变数组的长度，可以使用 ArrayList。使用 ArrayList 需要在程序的开始处使用以下代码。

```
using System.Collections;
```

Array 和 ArrayList 的区别主要有以下几点。

(1) Array 的容量是固定的，而 ArrayList 的容量可根据需要自动扩充。

(2) ArrayList 提供添加、插入或移除某一范围元素的方法。在 Array 中，只能一次获取或设置一个元素的值。

(3) Array 可以具有多个维度，而 ArrayList 始终只是一维的。

8.3.1 ArrayList 的声明与创建

可以使用两种方法创建一个 ArrayList。

```
ArrayList arr = new ArrayList();
ArrayList arr1 = new ArrayList(10);      //初始化一个长度为 10 的 ArrayList
```

第 1 行代码创建了一个 ArrayList 对象,并没有设置其初始容量。由于 ArrayList 可以动态地改变其长度,所以这样使用是被允许的。但如果频繁地向 ArrayList 中添加元素,则会执行大量的调整大小操作。如果集合的大小可以估计,应该使用第 2 种方法,给 ArrayList 指定一个初始容量,这样就可以避免很多调整大小的操作。如果在使用过程中长度超过指定的容量,ArrayList 会自动对容量进行调整。

ArrayList 的长度即元素的个数通过 Count 属性来获得,这点与数组通过 Length 属性来获得其长度有所区别。

【例 8-9】 获取 ArrayList 的长度和数组的长度。

(1) 示例代码。

```
1    using System.Collections;
2
3    ArrayList arrList = new ArrayList(5);
4    Console.WriteLine("ArrayList 的长度为: " + arrList.Count);
5    int[] arr = new int[5];
6    Console.WriteLine("数组的长度为: " + arr.Length);
7    foreach (int i in arr)
8    {
9        Console.Write(i+" ");
10   }
```

(2) 运行结果。

```
ArrayList 的长度为: 0
数组的长度为: 5
0 0 0 0 0
```

(3) 代码分析。从运行结果可以看出,ArrayList 虽然设定了初始容量,但它的长度依然为 0。设定初始容量仅表示系统划分了一整块内存空间给它,并没有给它添加任何元素。将 ArrayList 的长度称为元素个数更为合适。数组则不一样,设定它的长度为 5,就会给数组添加 5 个元素,每个元素的初值都为 0。

8.3.2 ArrayList 的操作

1. 赋值

ArrayList 的赋值操作与数组的赋值操作有所区别。Add( )方法用于给 ArrayList 添加一个新的元素。

```
ArrayList arr = new ArrayList(5);
arr[0]=1;              //错误
```

无法通过编译，虽然声明了 ArrayList 的初始容量为 5，但 ArrayList 中并没有任何元素，还无法通过下标访问到具体的元素。正确的代码如下所示。

```
ArrayList arrList = new ArrayList(5);
arrList.Add(1);          //给 arrList 添加一个元素，这时它的元素个数为 1
```

ArrayList 中有了元素后，就可以通过下标来访问它了。

【例 8-10】 ArrayList 的赋值操作。

(1) 示例代码。

```
1  ArrayList arrList = new ArrayList(5);
2  arrList.Add(100);                              //添加第 1 个元素 100
3  arrList.Add(200);                              //添加第 2 个元素 200
4  arrList[0] = 1;                                //更改第 1 个元素的值
5  Console.WriteLine(arrList[0]+" "+arrList[1]);  //输出两个元素的值
```

(2) 运行结果。

```
1 200
```

2. 插入

Insert( )方法用于将某元素插入到指定索引处。另外，也可以像数组那样使用 foreach 语句遍历 ArrayList 里的每个元素。

【例 8-11】 ArrayList 的插入操作。

(1) 示例代码。

```
1  ArrayList arrList = new ArrayList(5);
2  arrList.Add(100);                   //添加第 1 个元素 100，此值的索引号为 0
3  arrList.Add(300);                   //添加第 2 个元素 300，此值的索引号为 1
4  foreach (int i in arrList)
5  {   //用 foreach 循环遍历 ArrayList
6      Console.Write(i + " ");
7  }
8  arrList.Insert(1, 200);             //在索引 1 处插入 200
9  Console.WriteLine();                //换行
10 foreach (int i in arrList)
11 {
12     Console.Write(i + " ");
13 }
```

(2) 运行结果。

```
100 300
100 200 300
```

(3) 代码分析。Insert( )方法有 2 个参数：第 1 个参数表示将在哪个位置(索引从 0 开始计算)插入元素；第 2 个参数表示将要插入的元素。从结果可以得知，200 被插入成为第 2 个元素，而原来的第 2 个元素 300 则往后推 1 位，变成第 3 个元素。

3. 删除

第 1 种：用 Remove( )方法可以移除 ArrayList 中的特定对象的第 1 个匹配项。

【例 8-12】 删除第 1 个匹配项。

(1) 示例代码。

```
1   ArrayList arrList = new ArrayList(5);
2   arrList.Add(100);              //添加 100，此值的索引号为 0
3   arrList.Add(200);              //添加 200，此值的索引号为 1
4   arrList.Add(300);              //添加 300，此值的索引号为 2
5   arrList.Add(200);              //第 2 次添加 200，此值的索引号为 3
6   arrList.Remove(200);           //删除值为 200 的项
7   foreach (int i in arrList)
8   {
9       Console.Write(i + " ");
10  }
```

(2) 运行结果。

```
100 300 200
```

本例给 ArrayList 添了 4 个元素，其中有 2 个 200，索引号分别为 1 和 3。Remove( )方法只会删除第 1 个搜索到的值为 200 的元素。其删除过程如图 8.12 所示。

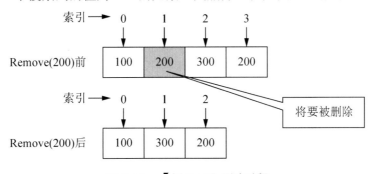

图 8.12 【例 8-12】删除过程

第 2 种：RemoveAt( )方法用于删除指定索引处的元素。

```
arrList.RemoveAt(1);              //删除索引为 1 的元素
```

第 3 种：RemoveRange( )方法用于删除一定范围的元素，它的形式如下所示。

```
RemoveRange (int index, int count)
```

其中，第 1 个参数 index 表示从第几个开始删除(从 0 开始计算)，第 2 个参数 count 表示要删除几个元素。

```
arrList.RemoveRange(1, 3);        //从索引 1 开始删除，删除 3 个元素
```

提示：从.NET Framework 2.0 版本开始，引入了功能强大的泛型特性，ArrayList 被 System.Collections.Generic 命名空间下的 List<T>全面取代。List<T>有着更快的速度和更高的安全性。强烈建议在实际编程中使用 List<T>代替 ArrayList。关于泛型，这里不做介绍，它已经超出了本书范围。有兴趣的读者可以查阅相关资料自行学习。

实 训 指 导

1. 实训目的

(1) 掌握数组的声明、创建和初始化方法。
(2) 掌握对数组的访问、赋值等应用。
(3) 了解如何灵活地使用数组实现一些简单算法。

2. 实训内容

本实训讲解拼图游戏，是在【例 8-8】的基础上进行的改进。首先，把原来的 9 个数字改为 9 张小图片，这 9 张小图片是由一张大图片按 9 等份分割而成的。然后，原来在设计窗体生成的 9 个 ImageButton 控件改为使用代码动态地生成。这里涉及如何动态地生成控件，以及手动地给控件添加事件的方法。

3. 实训步骤

视频 8.4：拼图游戏

视频演示了实训项目的编写过程及实现原理。请到以下网址下载素材：http://iotxfd.cn/down/CSharp/GraphicGame.zip。

(1) 新建一个 MAUI 应用程序项目，并命名为 PictureGame，立即运行程序。
(2) MainPage.xaml 中的 UI 代码。

```xml
<VerticalStackLayout>
    <Grid Margin="10" x:Name="grid"
        RowSpacing="2" ColumnSpacing="2"
        HeightRequest="330" WidthRequest="330"
        RowDefinitions="*,*,*" ColumnDefinitions="*,*,*"
        BackgroundColor="Gray">

    </Grid>
    <Button Text="开始游戏" WidthRequest="120" Margin="20"
        Clicked="BtnPlay_Clicked"/>
</VerticalStackLayout>
```

(3) MainPage.xaml.cs 中的程序代码。

```
1    ImageButton[] arrBtn = new ImageButton[9];    //存放按钮控件的一维数组
2    int cover = 0;                                //记录不可见按钮的下标
3    int[] arrNum;                                 //存放图片索引号
4    //将图片载入集合统一管理
5    List<ImageSource> imgs = new List<ImageSource>()
6    {
7        ImageSource.FromFile("b1.jpg"),
```

```
8            ImageSource.FromFile("b2.jpg"),
9            ImageSource.FromFile("b3.jpg"),
10           ImageSource.FromFile("b4.jpg"),
11           ImageSource.FromFile("b5.jpg"),
12           ImageSource.FromFile("b6.jpg"),
13           ImageSource.FromFile("b7.jpg"),
14           ImageSource.FromFile("b8.jpg"),
15           ImageSource.FromFile("b9.jpg")
16       };
17       public MainPage()
18       {
19           InitializeComponent();
20           //使用代码的方式依次生成 9 个按钮
21           for (int i = 0; i < 9; i++)
22           {   //创建新按钮
23               ImageButton btn = new ImageButton
24               {
25                   Source = imgs[i],              //连接图片
26                   CornerRadius = 0,
27                   ZIndex = i
28               };
29               btn.Clicked += Button_Clicked;     //连接按钮事件
30               arrBtn[i] = btn;                   //将按钮加入数组
31               grid.Add(btn, i % 3, i / 3);       //将按钮加入 grid
32           }
33       }
34
35       //开始按钮事件
36       private void BtnPlay_Clicked(object sender, EventArgs e)
37       {
38           arrBtn[cover].IsVisible = true;
39           arrNum = new int[] { 0, 1, 2, 3, 4, 5, 6, 7, 8 };
40           Random rm = new Random();              //初始化随机函数类
41           //抽题算法
42           for (int i = 0; i < 8; i++)
43           {
44               int rmNum = rm.Next(i, 9);         //随机数大于或等于 i，小于 9
45               int temp = arrNum[i];              //交换数组中两个元素的值
46               arrNum[i] = arrNum[rmNum];
47               arrNum[rmNum] = temp;
48           }
49           //把二维数组中的按钮图片设置为图片集合中的图片
50           //使用图片集合中的第几张图片，则由 arrNum 中的数字决定
51           for (int i = 0; i < 9; i++)
52           {
53               arrBtn[i].Source = imgs[arrNum[i]];
54           }
55           cover = rm.Next(0, 9);                 //生成一个随机数用于掩盖某个按钮
56           arrBtn[cover].IsVisible = false;       //让这个按钮不可见
57       }
58       //图片按钮事件
```

```
59  private void Button_Clicked(object sender, EventArgs e)
60  {
61      int index = ((ImageButton)sender).ZIndex;
62      if (Math.Abs(index/3 - cover/3) + Math.Abs(index % 3-cover % 3) == 1)
63      {   //判断方块是否可以移动，如果可以则交换按钮显示的图片
64          ImageSource temp = arrBtn[cover].Source;
65          arrBtn[cover].Source = arrBtn[index].Source;
66          arrBtn[index].Source = temp;
67          arrBtn[cover].IsVisible = true;
68          arrBtn[index].IsVisible = false;
69          //记录交换后每个按钮所使用的图片索引
70          int tempInt = arrNum[index];      //交换数组中两个元素的值
71          arrNum[index] = arrNum[cover];
72          arrNum[cover] = tempInt;
73
74          cover = index;
75      }
76      for (int i = 0; i < 9; i++)
77      {   //判断是否已成功排列数字
78          if (arrNum[i] != i)
79          {
80              break;
81          }
82          if (i == 8)
83          {   //游戏成功，显示被掩盖的按钮
84              arrBtn[cover].IsVisible = true;
85              DisplayAlert("消息", "恭喜您通过了游戏！", "确定");
86          }
87      }
88  }
```

（4）运行结果。单击【开始游戏】按钮开始游戏，拼图游戏运行效果如图 8.13 所示。游戏成功后的效果如图 8.14 所示。

图 8.13 拼图游戏运行效果

图 8.14 游戏成功后的效果

本实训一方面演示了如何使用 C#语言动态地创建控件,其中使用了本书未涉及的面向对象的知识,以及 C#的高级语法,这些演示可以为下一阶段的学习做一个预热;另一方面,使用一维数组代替之前拼数字游戏中的二维数组来管理按钮。条条大路通罗马,在学习阶段,应当多尝试使用不同的方法来实现相同的功能,这是锻炼思考能力的一个非常好的途径。

本 章 小 结

本章主要介绍了一维数组的定义,以及一维数组的访问、赋值等方法,并进一步学习了创建和操作多维数组及 ArrayList 的方法。在程序中使用数组的最大好处是用一个数组名代表逻辑上相关的一组数据,用下标表示该数组中的各个元素。数组与循环语句结合使用,会使程序书写更简洁、操作更方便。

习 题

1. 选择题

(1) 声明一个数组:int[,] arr=new int[3,5]。在这个数组内包含有(　　)个元素。

　　A. 3　　　　　　B. 5　　　　　　C. 8　　　　　　D. 15

(2) 以下(　　)属性用于保存数组中当前包含的元素总数。

　　A. Count　　　　B. Length　　　C. Total　　　　D. Sum

(3) 以下定义一维数组正确的是(　　)。

　　A. int[ ] myArray　　　　　　　B. int myArray[ ]

　　C. int( ) myArray　　　　　　　D. int myArray( )

(4) 下列关于数组描述不正确的一项是(　　)。

　　A. 数组可以是一维、多维或交错的

　　B. 数组元素的默认值设置为 0 或空

　　C. 一维数组下标最大值等于数组的长度

　　D. 数组元素可以是任何类型,包括数组类型

(5) 下列(　　)属于引用类型。

　　A. int　　　　　　B. string　　　　C. float　　　　D. bool

(6) 具有 n 个元素的数组的索引是 0～(　　)。

　　A. n-1　　　　　B. n　　　　　　C. n+1　　　　　D. ∞

(7) 二维数组就像一个具有行和列的表格一样。如要将第 3 行第 2 列的元素赋值为 10,则可表示为(　　)。

　　A. 10=arr[2,1]　　B. arr[3,2]=10　　C. 10=arr[3,2]　　D. arr[2,1]=10

(8) 能返回数组 arr 的第一维的最大下标值的是(　　)。

　　A. arr.GetLength(0)　　　　　　B. arr.GetLength(1)

　　C. arr.GetUpperBound(0)　　　　D. arr.GetUpperBound(1)

2. 填空题

(1) 数组是具有相同_____的一组数据。

(2) 数组的索引从_____开始。

(3) 在C#语言中，使用_____关键字创建数组的对象。

(4) 在声明数组的同时可对其进行初始化，只需将初始值放在_____内即可。

(5) 在程序运行时可以动态地改变其长度的数组被称为_____。

(6) 基本数据类型是值类型，数组是_____类型。

(7) 引用类型对象之间的赋值，只是复制对象的_____，而不是对象的内容。

(8) 二维数组就像一个具有_____和_____的表格一样。

3. 判断题

(1) 数组是具有相同类型的一组数据。（　　）

(2) 在声明或创建数组时，[]内的逗号数目即为数组的维度数。（　　）

(3) 数组的索引从 0 开始，具有 n 个元素的数组的索引是 0~n-1。（　　）

(4) 基本数据类型是值类型，数组和 string 是引用类型。（　　）

(5) new 运算符用于创建数组并将数组元素初始化为 0。（　　）

(6) 数组的最大下标值可以通过 GetLength( )方法获得。（　　）

(7) 在 C#语言中并没有真正意义上的动态数组，如果需要在程序中动态地改变数组的长度，可以使用 ArrayList。（　　）

(8) ArrayList 的容量可根据需要自动扩充，它可以具有多个维度。（　　）

4. 简答题

(1) 什么是数组？

(2) 简述 Array 和 ArrayList 的主要区别。

5. 编程题

(1) 输入一个数，输出数组中与该数相同的数的个数。

(2) 定义两个包含 5 个元素的整型数组 x 和 y，并对数组 x 进行初始化。编程实现颠倒数组 x 元素值的顺序，并将它们存储到数组 y 中。

(3) 在大小为 10 的整型数组中，计算所有奇数下标元素值的和。

(4) 编写程序，找出数组中的最大值。

(5) 定义一个大小为 10 的整型数组，用随机产生的数据为数组元素赋值，并将它们按从大到小的排序输出。

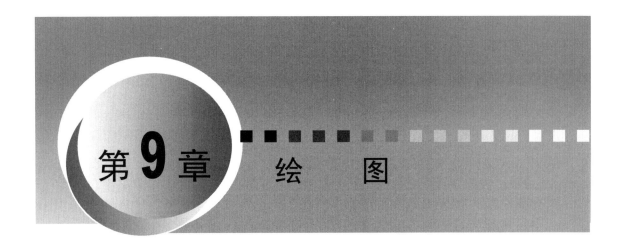

第 9 章 绘 图

教学提示

在应用程序设计过程中,有时需要在界面上添加一些图形,以及绘制一些简单动画。可以使用两种方式进行 MAUI 的图形绘制,一种是 Sharp,它可以在布局类或多数控件中使用,主要用于更改控件的显示样式。可以在 XAML 文件中像声明控件一样声明一个 Sharp。另一种是使用 GraphicsView,它以开发包的形式存在,并不局限于 MAUI 框架上,可以在任何应用框架上使用,如可以在 WPF 或 WinForms 甚至控制台里使用它进行绘图。本章只针对 GraphicsView 进行介绍。

教学要求

知 识 要 点	能 力 要 求	相 关 知 识
GraphicsView 对象	(1) 理解 GraphicsView (2) 能够正确创建 GraphicsView 对象	创建 GraphicsView 对象的方法
绘制直线	(1) 能够正确创建直线和虚线 (2) 能够正确绘制直线的端点	(1) 组成直线的两个坐标点 (2) 虚线及端点的创建方法
绘制图形	(1) 能够正确绘制和填充矩形及圆角矩形 (2) 能够正确绘制和填充椭圆	(1) Rect 和 RectF 对象 (2) 矩形的绘制方法 (3) 椭圆的绘制方法
绘制图形对象	(1) 能够为图形添加阴影效果 (2) 能够为图形添加渐变效果	(1) 阴影的绘制方法 (2) 线性渐变的绘制方法 (3) 径向渐变的绘制方法
绘制文本	掌握在 GraphicsView 中绘制文字的方法	(1) 文字的绘制 (2) 指定文字样式的方法

Sharp 可以在布局里声明，像控件一样使用，它本质上是一个对象。而 GraphicsView 则只能在指定的 Canvas(画布)内进行绘制，需要先在布局中声明一个 Canvas，然后在 Canvas 内绘图。

9.1 创建 GraphicsView

GraphicsView 的创建较为复杂，且使用到很多现在并未讲授的知识。现阶段，只需照着做完成所需功能即可。

(1) 在代码隐藏文件中创建一个可绘制对象。

创建一个名为 Graphic 的 MAUI 项目，打开 MainPage.xaml.cs 文件，输入如下新添加代码(加粗部分)。

```
namespace Graphic;

public partial class MainPage : ContentPage
{
    public MainPage()
    {
        InitializeComponent();
    }
}

public class GraphicsDrawable : IDrawable
{
    public void Draw(ICanvas canvas, RectF dirtyRect)
    {
        //在此处放置绘图代码
    }
}
```

首先创建一个继承了 IDrawable 接口的可绘制类 GraphicsDrawable，并在此类中声明一个 Draw( )方法。此方法的第一个参数 canvas 意为一个画布，所有的绘制功能都需要调用它方能实现；第二个参数 dirtyRect 是一个矩形，用于表示画布边界。所有图形都需要在 Draw( )方法内进行绘制。

(2) 在 UI 文件中添加一个 GraphicsView。

打开 MainPage.xaml.cs 文件，更改代码如下(加粗部分为新添加的代码)。

```
1  <?xml version="1.0" encoding="utf-8" ?>
2  <ContentPage xmlns="http://schemas.microsoft.com/dotnet/2021/maui"
3               xmlns:x="http://schemas.microsoft.com/winfx/2009/xaml"
4               xmlns:drawable="clr-namespace:Graphic"
5               x:Class="Graphic.MainPage" BackgroundColor="White">
6      <ContentPage.Resources>
7          <drawable:GraphicsDrawable x:Key="drawable" />
```

```
8      </ContentPage.Resources>
9      <GraphicsView Drawable="{StaticResource drawable}"/>
10 </ContentPage>
```

第 4 行代码声明了一个命名空间 drawable。需要注意的是，冒号后面的 Graphic 必须为所创建项目的项目名称，表明此 UI 文件需要引用代码隐藏文件中的内容。

第 6~8 行代码声明了一个资源文件。第 7 行代码的第一个 drawable 与之前声明的命名空间相呼应，指示到代码隐藏文件中寻找 GraphicsDrawable 类(之前在代码隐藏文件中新创建的可绘制类)，并给它起了一个关键字名称 drawable(第二个 drawable，它是在搜索资源时所使用的关键字，虽然与第一个 drawable 同名，但却代表着完全不同的含义)。

第 9 行代码的作用是在窗体中创建一个 GraphicsView，所有的图形都在它里面绘制。这里没有使用任何布局控件，GraphicsView 占据整个窗体，表明使用整个窗体作为画布。这一行代码还将 GraphicsView 中的 Drawable 属性设置为前面设置的静态资源。在 UI 中添加的所有新代码的最终效果就是声明一个 GraphicsView，并将其 Drawable 属性设置为代码隐藏文件中的 GraphicsDrawable 类。

(3) 绘制一条直线。

打开 MainPage.xaml.cs 文件，在刚才编写的 Draw( )方法中添加如下代码(加粗部分)。

```
public class GraphicsDrawable : IDrawable
{
    public void Draw(ICanvas canvas, RectF dirtyRect)
    {
        //在此处放置绘图代码
        canvas.StrokeColor = Colors.Red;
        canvas.StrokeSize = 5;
        canvas.DrawLine(10, 100, 300, 100);
    }
}
```

运行结果是在窗体上绘制了一宽度为 5 像素的红色线条。

后面的例子，如无特别说明，则只展示 Draw( )方法内的代码。

9.2 绘 制 直 线

可以使用 DrawLine( )方法绘制直线。两点决定一条直线，DrawLine( )方法使用四个浮点型参数 x1、y1、x2、y2 表示直线的起点和终点。

9.2.1 绘制实线

【例 9-1】 绘制一条直线。

(1) 示例代码。

```
1  canvas.StrokeColor = Colors.Red;         //设置画布的笔画颜色
2  canvas.StrokeSize = 5;                   //设置画布的笔画宽度
3  canvas.DrawLine(50, 50, 300, 150);       //绘制直线
```

(2) 运行结果如图 9.1 所示。

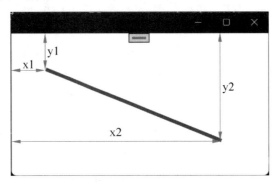

图 9.1　【例 9-1】的运行结果

9.2.2　绘制虚线

【例 9-2】　绘制虚线。

(1) 示例代码。

```
//第 1 条虚线
canvas.StrokeColor = Colors.Red;
canvas.StrokeSize = 2;
canvas.StrokeDashPattern = new float[] { 2, 2 };
canvas.DrawLine(50, 50, 400, 50);
//第 2 条虚线
canvas.StrokeColor = Colors.Blue;
canvas.StrokeSize = 4;
canvas.StrokeDashPattern = new float[] { 3, 1 };
canvas.DrawLine(50, 100, 400, 100);
//第 3 条虚线
canvas.StrokeColor = Colors.Green;
canvas.StrokeSize = 6;
canvas.StrokeDashPattern = new float[] { 4, 2, 1, 2 };
canvas.DrawLine(50, 150, 400, 150);
//第 4 条虚线
canvas.StrokeColor = Colors.Orange;
canvas.StrokeDashPattern = new float[] { 2, 1, 2};
canvas.DrawLine(50, 200, 400, 200);
```

(2) 运行结果如图 9.2 所示。

(3) 代码分析。StrokeDashPattern 属性表示笔画的虚线模式，它的值为一个浮点数数组。虚线必定由实线和空白依次组成。数组中的第 1 个数字表示实线的长度，第 2 个数字表示接下来的空白的长度，第 3 个数字表示接下来的实线的长度，第 4 个数字表示接下来的空白的长度。接下来的实线的长度继续由数组中的第 1 个数字表示，依次循环往复。虚线模式如图 9.3 所示。

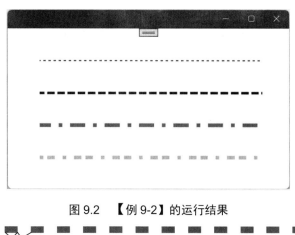

图9.2 【例9-2】的运行结果

图9.3 虚线模式

9.2.3 控制直线端点

【例9-3】 控制直线端点。

(1) 示例代码。

```
//第1种端点
canvas.StrokeColor = Colors.Red;
canvas.StrokeSize = 20;
canvas.StrokeLineCap = LineCap.Butt;
canvas.DrawLine(50, 50, 300, 50);
//第2种端点
canvas.StrokeColor = Colors.Blue;
canvas.StrokeLineCap = LineCap.Round;
canvas.DrawLine(50, 150, 300, 150);
//第3种端点
canvas.StrokeColor = Colors.Green;
canvas.StrokeLineCap = LineCap.Square;
canvas.DrawLine(50, 250, 300, 250);
```

(2) 运行结果如图9.4所示。

(3) 代码分析。StrokeLineCap属性表示线条端点的样式：Butt表示端点为矩形，线条长度为线条的原始长度；Round表示端点为半圆形，线条长度为线条原始长度+线条宽度；Square表示端点为正方形，线条长度为线条原始长度+线条宽度。

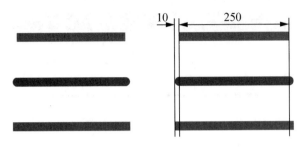

图 9.4 【例 9-3】的运行结果

9.3 绘制矩形

在 C#语言中,矩形由四个数字组成,分别表示矩形左上角的 x 轴坐标值、矩形左上角的 y 轴坐标值、矩形的宽度和矩形的高度。

【例 9-4】 绘制矩形。

(1) 示例代码。

```
canvas.StrokeColor = Colors.DarkBlue;
canvas.StrokeSize = 5;
canvas.DrawRectangle(50, 50, 200, 100);
```

(2) 运行结果如图 9.5 所示。

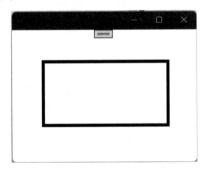

图 9.5 【例 9-4】的运行结果

DrawRectangle( )方法的表现形式如下所示。

```
void DrawRectangle(float x, float y, float width, float height);
```

其中,x 为要绘制的矩形的左上角的 x 轴坐标值;y 为要绘制的矩形的左上角的 y 轴坐标值;width 为要绘制的矩形的宽度;height 为要绘制的矩形的高度。

还可以使用 Rect 对象或 RectF 对象来表示一个矩形。Rect 中的数字使用 double 型,RectF 中的数字使用 float 型。【例 9-4】的代码可更改为如下代码,其结果完全一样。

```
canvas.StrokeColor = Colors.DarkBlue;
canvas.StrokeSize = 5;
RectF rect = new RectF(50, 50, 200, 100);
canvas.DrawRectangle(rect);
```

【例 9-5】 填充矩形。

(1) 示例代码。

```
canvas.FillColor = Colors.LightBlue;   //设定填充颜色
canvas.FillRectangle(50, 50, 200, 100);
```

(2) 运行结果如图 9.6 所示。

【例 9-6】 绘制圆角矩形。

(1) 示例代码。

```
canvas.StrokeColor = Colors.Green;
canvas.StrokeSize = 4;
canvas.DrawRoundedRectangle(50, 50, 200, 100, 15);
```

(2) 运行结果如图 9.7 所示。

图 9.6　【例 9-5】的运行结果

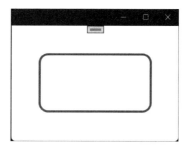
图 9.7　【例 9-6】的运行结果

DrawRoundedRectangle( )方法的表现形式如下所示。

```
void DrawRoundedRectangle(float x, float y, float width, float height,
                         float cornerRadius);
```

其中，x 为要绘制的矩形的左上角的 x 轴坐标值；y 为要绘制的矩形的左上角的 y 轴坐标值；width 为要绘制的矩形的宽度；height 为要绘制的矩形的高度；cornerRadius 为圆角的半径。

【例 9-7】 填充圆角矩形。

(1) 示例代码。

```
canvas.FillColor = Colors.Green;
canvas.FillRoundedRectangle(50, 50, 200, 100, 15);
```

(2) 运行结果如图 9.8 所示。

图 9.8　【例 9-7】的运行结果

9.4 绘制椭圆

【例 9-8】 绘制椭圆。

(1) 示例代码。

```
canvas.StrokeColor = Colors.Red;
canvas.StrokeSize = 5;
canvas.DrawEllipse(50, 50, 200, 100);
```

(2) 运行结果如图 9.9 所示。

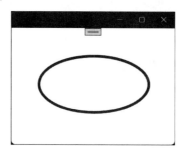

图 9.9 【例 9-8】的运行结果

本质上,绘制椭圆就是绘制矩形,每一个矩阵都对应着一个椭圆,只需将 DrawRectangle( ) 方法替换为 DrawEllipse( )方法即可绘制出相应的椭圆。两个方法的参数完全一致。

【例 9-9】 椭圆和矩形的关系。

(1) 示例代码。

```
canvas.StrokeColor = Colors.Red;
canvas.StrokeSize = 3;
RectF rect1 = new RectF(50, 50, 200, 100);
canvas.DrawRectangle(rect1);
canvas.DrawEllipse(rect1);
RectF rect2 = new RectF(300, 50, 100, 100);
canvas.DrawRectangle(rect2);
canvas.DrawEllipse(rect2);
```

(2) 运行结果如图 9.10 所示。

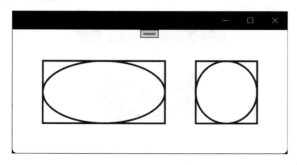

图 9.10 【例 9-9】的运行结果

由运行结果可知，如果想绘制一个圆形，只需将矩形设置为正方形即可。

【例 9-10】 填充椭圆。

(1) 示例代码。

```
canvas.FillColor = Colors.Red;
canvas.StrokeSize = 3;
canvas.FillEllipse(50, 50, 200, 100);
canvas.FillColor = Colors.LightBlue;
canvas.FillEllipse(300, 50, 100, 100);
```

(2) 运行结果如图 9.11 所示。

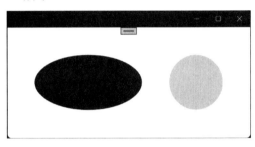

图 9.11 【例 9-10】的运行结果

9.5 绘制图形对象

之前在填充图形时，只能填充纯色。如果希望填充更为复杂的图形，如纹理、图片、渐变色等，则需要使用图形对象(Graphical Object)。可以把图形对象理解为附着在图形表面的皮肤。图形对象包含以下 4 种。

① SolidPaint：纯色。
② ImagePaint：可重复排列的图形。
③ PatternPaint：特定模式的图形，如阴影、马赛克图形等。
④ GradientPaint：渐变色。

本书只介绍 SolidPaint 及 GradientPaint。对另外两种图形对象感兴趣的读者，请自行阅读微软官方的帮助文档。

9.5.1 绘制阴影

【例 9-11】 绘制纯色图形对象。

(1) 示例代码。

```
//创建一个纯色皮肤，并将皮肤颜色设置为银色
SolidPaint solidPaint = new SolidPaint(Colors.Silver);
RectF solidRectangle = new RectF(100, 50, 200, 100);
//将画布的皮肤指定为上面创建的纯色皮肤
canvas.SetFillPaint(solidPaint, solidRectangle);
canvas.SetShadow(new SizeF(10, 10), 10, Colors.Grey);  //设置画布阴影
```

```
canvas.FillRoundedRectangle(100, 50, 200, 100, 12);  //绘制圆角矩阵
canvas.FillEllipse(400, 50, 200, 100);  //绘制椭圆
```

(2) 运行结果如图 9.12 所示。

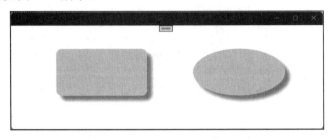

图 9.12 【例 9-11】的运行结果

(3) 代码分析。第 1 行代码中用 SetFillPaint( )方法为画布指定了一个皮肤。SetFillPaint( )方法的第 2 个参数为矩形，实际上可以随便指定任何一个矩形，不会影响后面的代码。从运行结果看，椭圆也使用了相同的皮肤，所以 SetFillPaint( )方法的第 2 个参数使用矩形是不符合逻辑的。

SetShadow( )方法的表现形式如下所示。

```
void SetShadow(SizeF offset, float blur, Color color);
```

其中，offset 表示阴影偏移量，其类型为 SizeF，包含两个整数，分别表示 x 轴和 y 轴方向上的偏移量；blur 为阴影的模糊度；color 为阴影的颜色。

【例 9-12】 阴影调试器。

编写一个程序，可调整阴影设置的三个参数，并立即显示其效果。

(1) MainPage.xaml 中的 UI 代码。

```
<?xml version="1.0" encoding="utf-8" ?>
<ContentPage xmlns="http://schemas.microsoft.com/dotnet/2021/maui"
         xmlns:x="http://schemas.microsoft.com/winfx/2009/xaml"
         xmlns:drawable="clr-namespace:Graphic"
         x:Class="Graphic.MainPage" >

    <ContentPage.Resources>
        <drawable:GraphicsDrawable x:Key="drawable"/>
    </ContentPage.Resources>
    <Grid RowDefinitions="300,*,*,*,*,*,*,*,*" ColumnDefinitions="*,5*"
        Margin="10">
        <GraphicsView x:Name="gView" Drawable="{StaticResource drawable}"
              Grid.ColumnSpan="2"/>
        <Label Text="offset.X" Grid.Row="1" HorizontalOptions="Center"
              VerticalOptions="Center" FontSize="Medium"/>
        <Slider x:Name="sliderX" Grid.Row="1" Grid.Column="1"
              VerticalOptions="Center" Minimum="-100" Maximum="100"
              Value="10" ValueChanged="sliderX_ValueChanged"/>
        <Label x:Name="lblX" Text="10" Grid.Row="2" Grid.Column="1"
```

```xml
            HorizontalOptions="Center" FontSize="20"/>

        <Label Text="offset.Y" Grid.Row="3" HorizontalOptions="Center"
            VerticalOptions="Center" FontSize="Medium"/>
        <Slider x:Name="sliderY" Grid.Row="3" Grid.Column="1"
            VerticalOptions="Center" Minimum="-100" Maximum="100"
            Value="10" ValueChanged="sliderY_ValueChanged"/>
        <Label x:Name="lblY" Text="10" Grid.Row="4" Grid.Column="1"
            HorizontalOptions="Center" FontSize="20"/>

        <Label Text="blur" Grid.Row="5" HorizontalOptions="Center"
            VerticalOptions="Center" FontSize="Medium"/>
        <Slider x:Name="sliderBlur" Grid.Row="5" Grid.Column="1"
            VerticalOptions="Center" Minimum="0" Maximum="100"
            Value="10" ValueChanged="sliderBlur_ValueChanged"/>
        <Label x:Name="lblBlur" Text="10" Grid.Row="6" Grid.Column="1"
            HorizontalOptions="Center" FontSize="20"/>

        <Label Text="color" Grid.Row="7" HorizontalOptions="Center"
            VerticalOptions="Center" FontSize="Medium"/>
        <Slider x:Name="sliderColor" Grid.Row="7" Grid.Column="1"
            VerticalOptions="Center" Minimum="0" Maximum="255"
            Value="20" ValueChanged="sliderColor_ValueChanged"/>
        <Label x:Name="lblColor" Text="Red = 20, Green = 20, Blue = 20"
            Grid.Row="8" Grid.Column="1"
            HorizontalOptions="Center" FontSize="20"/>
    </Grid>
</ContentPage>
```

(2) MainPage.xaml.cs 中的程序代码。

```csharp
namespace Graphic;

public partial class MainPage : ContentPage
{
    GraphicsDrawable drawable;
    public MainPage()
    {
        InitializeComponent();
        //获取在 UI 文件中创建的 GraphicsDrawable 对象
        drawable = (GraphicsDrawable)gView.Drawable;
    }

    private void sliderX_ValueChanged(object sender, ValueChangedEventArgs e)
    {   //显示 slider 中的值
        lblX.Text = Convert.ToString((int)(sliderX.Value));
        drawable.OffsetX = (float)sliderX.Value;        //设置阴影 x 轴偏移值
        gView.Invalidate();                             //画布重绘
```

```csharp
17        }
18
19        private void sliderY_ValueChanged(object sender, ValueChangedEventArgs e)
20        {   //显示slider中的值
21            lblY.Text=Convert.ToString((int)(sliderY.Value));
22            drawable.OffsetY= (float)sliderY.Value;     //设置阴影y轴偏移值
23            gView.Invalidate();                          //画布重绘
24        }
25
26        private void sliderBlur_ValueChanged(object sender, ValueChangedEventArgs e)
27        {   //显示slider中的值
28            lblBlur.Text=Convert.ToString((int)(sliderBlur.Value));
29            drawable.Blur= (float)sliderBlur.Value;     //设置阴影模糊度值
30            gView.Invalidate();                          //画布重绘
31        }
32
33        private void sliderColor_ValueChanged(object sender, ValueChangedEventArgs e)
34        {   //显示slider中的值
35            byte num = (byte)(sliderColor.Value);
36            lblColor.Text = $"Red = {num}, Green = {num}, Blue= {num}";
37            drawable.ColorVal = num;                    //设置阴影灰度颜色值
38            gView.Invalidate();                          //画布重绘
39        }
40    }
41
42    public class GraphicsDrawable : IDrawable
43    {
44        public float OffsetX { get; set; } = 10;
45        public float OffsetY { get; set; } = 10;
46        public float Blur { get; set; } = 10;
47        public byte ColorVal { get; set; } = 20;
48        public void Draw(ICanvas canvas, RectF dirtyRect)
49        {   //将画布背景填充为白色
50            canvas.FillColor = Colors.White;
51            canvas.FillRectangle(dirtyRect);
52            //创建一个纯色皮肤，并将皮肤颜色设置为银色
53            SolidPaint solidPaint = new SolidPaint(Colors.Silver);
54            RectF solidRectangle = new RectF(100, 50, 200, 100);
55            //将画布的皮肤指定为上面创建的纯色皮肤
56            canvas.SetFillPaint(solidPaint, solidRectangle);
57            canvas.SetShadow(new SizeF(OffsetX,OffsetY),Blur,//设置画布阴影
58                Color.FromRgb(ColorVal, ColorVal, ColorVal));
59            canvas.FillRoundedRectangle(200,100,200,100,12); //绘制圆角矩阵
60        }
61    }
```

(3) 运行结果如图 9.13 所示。运行程序，调整各滑动条数值，观察矩形的变化情况。

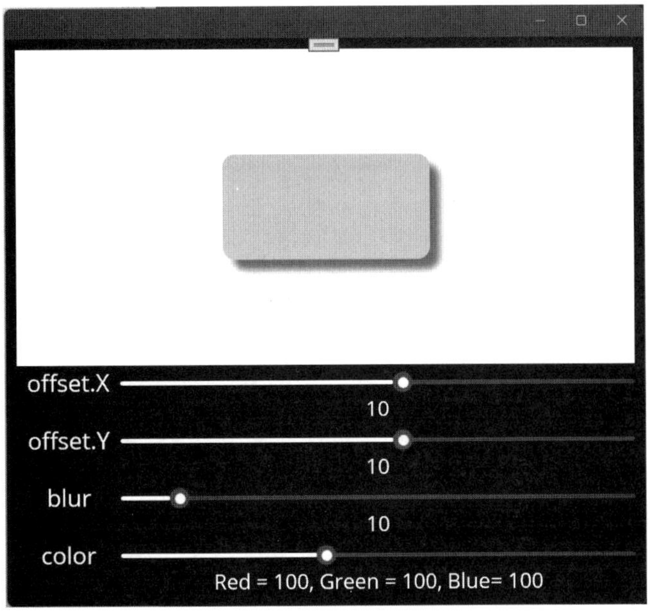

图 9.13 【例 9-12】的运行结果

课堂练习 1：【例 9-12】中阴影颜色值中的红绿蓝颜色数值相同，这种情况下，阴影所显示的颜色为浓度不同的灰色。请更改程序，使得红绿蓝三种颜色可以分别设置，从而实现阴影颜色可显示为彩色的效果。

9.5.2 绘制渐变色

渐变色是在填充图案时从一种颜色逐渐过渡为另一种颜色。它包含线性渐变和径向渐变两种。

线性渐变使用 LinearGradientPaint( )方法实现。LinearGradientPaint( )的主要属性包括如下 4 点。

① StartColor：渐变的起始色。

② EndColor：渐变的停止色。

③ StartPoint：渐变的开始点。它是一个 Point 类型，包含两个双精度浮点数，代表所填充图形的坐标点。(0,0)表示填充图形的左上角。

④ EndPoint：渐变的结束点。它是一个 Point 类型，取值范围是 0~1。渐变轴的开始点是 0，结束点是 1，0.5 则表示渐变轴的正中间点。(1,1)表示填充图形的右下角。

【例 9-13】 水平线性渐变。

(1) MainPage.xaml 中的 UI 代码。

```
<?xml version="1.0" encoding="utf-8" ?>
<ContentPage xmlns="http://schemas.microsoft.com/dotnet/2021/maui"
             xmlns:x="http://schemas.microsoft.com/winfx/2009/xaml"
             xmlns:drawable="clr-namespace:Graphic"
             x:Class="Graphic.MainPage" BackgroundColor="White">
```

```xml
    <ContentPage.Resources>
        <drawable:GraphicsDrawable x:Key="drawable"/>
    </ContentPage.Resources>
    <GraphicsView x:Name="gView" Drawable="{StaticResource drawable}"
                  Grid.ColumnSpan="2"/>

</ContentPage>
```

(2) MainPage.xaml.cs 中的程序代码。

```csharp
namespace Graphic;

public partial class MainPage : ContentPage
{
    public MainPage()
    {
        InitializeComponent();
    }
}

public class GraphicsDrawable : IDrawable
{
    public void Draw(ICanvas canvas, RectF dirtyRect)
    {   //创建一个线性渐变皮肤
        LinearGradientPaint linearGradientPaint = new LinearGradientPaint
        {   //设置属性
            StartColor = Colors.Yellow,             //起始色为黄色
            EndColor = Colors.Green,                //停止色为绿色
        };

        RectF rect = new RectF(100, 50, 200, 100);
        canvas.SetFillPaint(linearGradientPaint, rect);  //指定画布皮肤
        canvas.FillRoundedRectangle(rect, 12);    //填充带渐变皮肤的矩形
        canvas.FillRoundedRectangle(400, 50, 200, 100, 12);
                                                  //填充另一个矩形
    }
}
```

(3) 运行结果如图 9.14 所示。

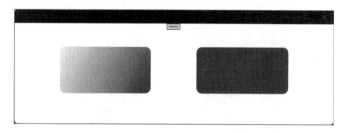

图 9.14 【例 9-13】的运行结果

从运行结果可知，在默认情况下，渐变方向为水平方向。只有给指定的矩形指定了渐变皮肤才会绘制出渐变色。在指定了渐变皮肤后，如果绘制的图形未指定皮肤，则使用停止色绘制的纯色皮肤。

【例 9-14】 垂直线性渐变。

(1) MainPage.xaml.cs 中的 Draw( )方法代码。

```
1  LinearGradientPaint linearGradientPaint = new LinearGradientPaint
2  {
3      StartColor = Colors.Yellow,
4      EndColor = Colors.Green,
5      //StartPoint = new Point(0, 0), //这句代码可以不写，默认就为(0,0)
6      EndPoint = new Point(0, 1)
7  };
8
9  RectF rect = new RectF(100, 50, 200, 100);
10 canvas.SetFillPaint(linearGradientPaint, rect);   //设置线性渐变皮肤
11 canvas.FillRoundedRectangle(rect, 12);
12 canvas.FillRoundedRectangle(400, 50, 200, 100, 12);
```

(2) 运行结果如图 9.15 所示。

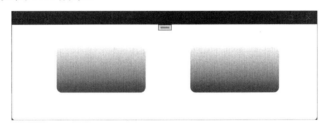

图 9.15　【例 9-14】的运行结果

LinearGradientPaint 类默认为水平渐近，如果需要改变渐变方向，则需要设置 StartPoint 属性和 EndPoint 属性。StartPoint 为(0,0)表示左上角，EndPoint 为(0,1)表示左下角。左上角行进至左下角为一条垂直线，所以渐变方向为垂直方向。

另外，可以观察到，与之前的例子不同的是，对于垂直渐变的设定影响到了另一个矩形。

【例 9-15】 渐变停止点。

(1) MainPage.xaml.cs 中的 Draw( )方法代码。

```
1  LinearGradientPaint linearGradientPaint = new LinearGradientPaint
2  {
3      StartColor = Colors.Yellow,
4      EndColor = Colors.Green,
5      //StartPoint = new Point(0, 0), 可以不写，默认就为(0,0)
6      EndPoint = new Point(1, 1)
7  };
8  //加入两个渐变停止点
9  linearGradientPaint.AddOffset(0.25f, Colors.Red);
```

```
10    linearGradientPaint.AddOffset(0.75f, Colors.Blue);
11
12    RectF rect = new RectF(100, 50, 200, 100);
13    canvas.SetFillPaint(linearGradientPaint, rect);
14    canvas.FillRoundedRectangle(rect, 12);
15    canvas.FillRoundedRectangle(400, 50, 200, 100, 12);
```

(2) 运行结果如图 9.16 所示。

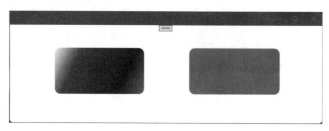

图 9.16 【例 9-15】的运行结果

渐变停止点的作用是在渐变路径上添加一个新的渐变色，从而实现在一条路径上的多种颜色的渐变。调用 LinearGradientPaint 类的 AddOffset( )方法，可以添加一个渐变点。AddOffset( )方法的表现形式如下所示。

```
public void AddOffset(float offset, Color color)
```

其中，offset 为渐变停止点的偏移值，取值范围为 0～1，起点为 0，终点为 1，则中点为 0.5；color 为渐变停止点颜色，如果添加了一个渐变停止点，则首先由 StartColor 渐变到渐变停止点颜色，再由渐变停止点颜色渐变至 EndColor。

图 9.17 所示为【例 9-15】的渐变过程。同时，也演示了如何实现斜线渐变。

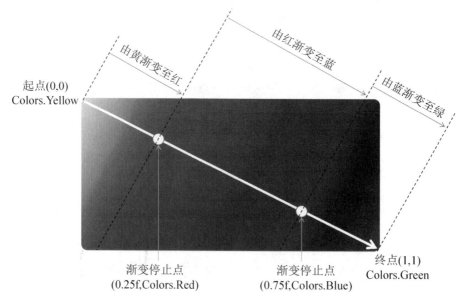

图 9.17 【例 9-15】的渐变过程

径向渐变是从一个点向四周发散的渐变，它使用 RadialGradientPaint( )方法实现。该方法的主要属性包括如下 4 点。

① StartColor：渐变的起始色。

② EndColor：渐变的停止色。

③ Center：渐变的开始点。它是一个 Point 类型，包含两个双精度浮点数，代表所填充图形的坐标点。(0,0)表示填充图形的左上角，(0.5, 0.5)表示填充图形的中心点。

④ Radius：渐变的半径。它是一个 double 类型，取值范围是 0～1。

【例 9-16】 径向渐变。

(1) MainPage.xaml.cs 中的 Draw( )方法代码。

```
1  RadialGradientPaint radialGradientPaint = new RadialGradientPaint
2  {
3      StartColor = Colors.AntiqueWhite,
4      EndColor = Colors.Red,
5      // Center 默认为 (0.5,0.5)
6      // Radius 默认为 0.5
7  };
8
9  RectF radialRectangle = new RectF(50, 10, 200, 200);
10 canvas.SetFillPaint(radialGradientPaint, radialRectangle);
                                                //给画布添加径向渐变皮肤
11 canvas.FillEllipse(radialRectangle);      //绘制第一个圆
12 canvas.FillEllipse(300, 10, 200, 200);    //绘制另一个圆
```

(2) 运行结果如图 9.18 所示。

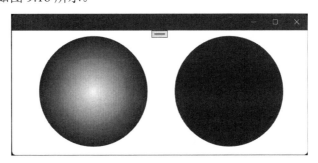

图 9.18 【例 9-16】的运行结果

尝试移动渐变中心点，更改代码如下(加粗部分为更改的代码)。

```
RadialGradientPaint radialGradientPaint = new RadialGradientPaint
{
    StartColor = Colors.AntiqueWhite,
    EndColor = Colors.Red,
    Center = new Point(0.35, 0.35),
    Radius = 0.5
};
```

```
RectF radialRectangle = new RectF(50, 10, 200, 200);
canvas.SetFillPaint(radialGradientPaint, radialRectangle);
canvas.FillEllipse(radialRectangle);
canvas.FillEllipse(300, 10, 200, 200);
```

移动渐变中心点的运行结果如图 9.19 所示。

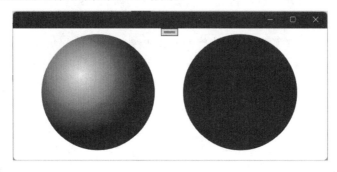

图 9.19 移动渐变中心点的运行结果

径向渐变也可以加入渐变停止点。

【例 9-17】 径向渐变的渐变停止点。

(1) 示例代码。

```
1   RadialGradientPaint radialGradientPaint = new RadialGradientPaint
2   {
3       StartColor = Colors.AntiqueWhite,
4       EndColor = Colors.Red,
5   };
6   //加入两个渐变停止点
7   radialGradientPaint.AddOffset(0.35f, Colors.Blue);
8   radialGradientPaint.AddOffset(0.65f, Colors.Green);
9
10  RectF radialRectangle = new RectF(50, 10, 200, 200);
11  canvas.SetFillPaint(radialGradientPaint, radialRectangle);
12  canvas.FillEllipse(radialRectangle);
13  canvas.FillEllipse(300, 10, 200, 200);
```

(2) 运行结果如图 9.20 所示，其渐变过程如图 9.21 所示。

图 9.20 【例 9-17】的运行结果

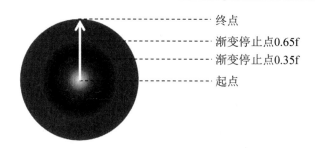

图 9.21 【例 9-17】的渐变过程

9.6 绘制文本

绘制文本可采用 DrawString( )方法，使用以下几种形式。
(1) 在指定位置绘制指定的文本。

```
void DrawString(string value, float x, float y, HorizontalAlignment
horizontalAlignment);
```

其中参数：
① value：要绘制的字符串。
② x：所绘制文本的左上角 x 轴坐标值。
③ y：所绘制文本的左上角 y 轴坐标值。
④ horizontalAlignment：文本的水平对齐方式。
(2) 在指定矩形内绘制指定的文本。

```
void DrawString(string value, float x, float y, float width, float height,
                HorizontalAlignment horizontalAlignment,
                VerticalAlignment verticalAlignment);
```

其中，value 为要绘制的字符串；x 为矩形的左上角 x 轴坐标值；y 为矩形的左上角 y 轴坐标值；width 为矩形的宽度；height 为矩形的高度；horizontalAlignment 表明文本的水平对齐方式；verticalAlignment 表明文本的垂直对齐方式。

其中 x、y、width、height 参数可使用一个矩形(Rect 或 RectF 对象)来代替。

【例 9-18】 绘制文本。

由于 Microsoft.Maui 和 Microsoft.Maui.Graphics 中都有 Font 存在，所以需要指定使用哪个 Font。

(1) 在 MainPage.xaml.cs 文件的第 1 行输入如下代码引入命名空间。

```
using Font = Microsoft.Maui.Graphics.Font;
```

(2) 在 Draw( )方法中输入如下代码。

```
1    //清除阴影，否则窗体刷新会导致所有文本存在阴影
2    canvas.SetShadow(new SizeF(0, 0), 0, null);
3    canvas.FontColor = Colors.Blue;
4    canvas.FontSize = 18;
```

```
5     //在指定位置绘制文本
6     canvas.Font = Font.Default;
7     canvas.DrawString("第一个文本", 10, 30, HorizontalAlignment.Left);
8     //在指定矩形内绘制文本
9     canvas.DrawRectangle(10, 60, 150, 50);      //绘制文本所在矩形的边框
10    canvas.DrawString("第二个文本", 10, 60, 100, 50,
11        HorizontalAlignment.Center, VerticalAlignment.Top);
12    //文本在矩形内换行及对齐方式
13    Rect rect = new Rect(10, 120, 120, 100);
14    canvas.DrawRectangle(rect);                 //绘制文本所在矩形的边框
15    canvas.Font = Font.DefaultBold;             //设置文本为粗体
16    canvas.DrawString("第三个文本:会换行", rect,
17        HorizontalAlignment.Right, VerticalAlignment.Center);
18    //指定文本的字体,及加粗、斜体
19    canvas.FontSize = 25;
20    canvas.Font = new Font("楷体", 700, FontStyleType.Italic);
21    canvas.FontColor = Colors.Black;
22    canvas.SetShadow(new SizeF(6, 6), 4, Colors.Gray);
23    canvas.DrawString("第四个文本:斜体、加粗、带阴影", 10, 250,
24        HorizontalAlignment.Left);
```

(3) 运行结果如图 9.22 所示。

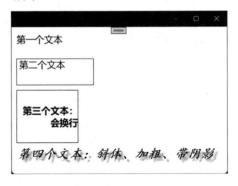

图 9.22 【例 9-18】的运行结果

(4) 代码分析。从运行结果可知,使用 Rect 来限定文本的边界将导致文本自动换行。

实 训 指 导

1. 实训目的

(1) 掌握图像绘制方法。
(2) 初步掌握动画制作的方法。

2. 实训内容

本实训实现多个彩色小球在窗体内的随机运动，它涉及动画制作。动画制作的基本原理是使用定时器控制绘图控件在画布上连续画图，以达到动起来的效果。

3. 实训步骤

视频 9.1：运动的球

视频演示了实训项目的编写过程及算法原理。

(1) MainPage.xaml 中的 UI 代码。

```xml
<?xml version="1.0" encoding="utf-8" ?>
<ContentPage xmlns="http://schemas.microsoft.com/dotnet/2021/maui"
             xmlns:x="http://schemas.microsoft.com/winfx/2009/xaml"
             x:Class="Graphic.MainPage" BackgroundColor="White">

    <GraphicsView x:Name="gView"/>

</ContentPage>
```

这一次在 UI 代码中并未直接指定 GraphicsView 的 Drawable 属性，而是将在代码隐藏文件中实现这一功能。

(2) MainPage.xaml.cs 中的程序代码。

```csharp
1  namespace Graphic;
2
3  public partial class MainPage : ContentPage
4  {
5      System.Timers.Timer timer;              //定时器
6      GraphicsDrawable drawable;
7      public MainPage()
8      {
9          InitializeComponent();
10         //创建一个新的GraphicsDrawable对象
11         drawable = new GraphicsDrawable(200);
12         gView.Drawable = drawable;          //设置GraphicsView的Drawable属性
13         //创建一个新的定时器
14         timer = new System.Timers.Timer();
15         timer.Interval = 100;               //设置定时时间为0.1秒
16         timer.Elapsed+=Timer_Elapsed;       //关联定时到期事件
17         timer.Start();                      //启动定时器
18     }
19
20     //定时器所使用的到期事件
```

```csharp
21  private void Timer_Elapsed(object sender, System.Timers.ElapsedEventArgs e)
22  {
23      int[,] arr = drawable.ballArr;  //获取 Graphics drawable 对象中的ballArr
24      for (int i = 0; i < arr.GetLength(0); i++)
25      {   //如果球到达窗体左右边界
26          if (arr[i, 0] + arr[i, 4] > gView.Width || arr[i, 0] < 0)
27          {
28              arr[i, 2] = -arr[i, 2];
29          }
30          //如果球到达窗体上下边界
31          if (arr[i, 1] + arr[i, 4] > gView.Height || arr[i, 1] < 0)
32          {
33              arr[i, 3] = -arr[i, 3];
34          }
35          arr[i, 0] += arr[i, 2];     //移至 x 轴的下一个位置
36          arr[i, 1] += arr[i, 3];     //移至 y 轴的下一个位置
37      }
38      gView.Invalidate();             //指示画布重绘
39  }
40  }
41
42  public class GraphicsDrawable : IDrawable
43  {
44      public int[,] ballArr;                  //存放每个球的数据的二维数组
45      //带参构造函数，count 指定球的数量
46      public GraphicsDrawable(int count)
47      {
48          ballArr = new int[count, 6];
49          Random rm = new Random();
50          for (int i = 0; i < count; i++)
51          {
52              ballArr[i, 2] = rm.Next(1, 30);     //xv 值
53              ballArr[i, 3] = rm.Next(1, 30);     //yv 值
54              ballArr[i, 4] = rm.Next(10, 41);    //球的直径
55              int r = rm.Next(0, 256);            //红色随机值
56              int g = rm.Next(0, 256);            //绿色随机值
57              int b = rm.Next(0, 256);            //蓝色随机值
58              ballArr[i, 5] = -16777216 | (r << 16) | (g << 8) | b;
                                                    //球的argb 颜色值
59          }
60      }
61      //画布重绘时，将执行此方法内的代码
62      public void Draw(ICanvas canvas, RectF dirtyRect)
63      {   //重新绘制每个球
64          for (int i = 0; i < ballArr.GetLength(0); i++)
65          {
66              canvas.FillColor = Color.FromInt(ballArr[i, 5]);
```

```
67              canvas.FillEllipse(ballArr[i, 0], ballArr[i, 1], ballArr[i,
                                   4], ballArr[i, 4]);
68          }
69      }
70  }
```

(3) 运行结果如图 9.23 所示。

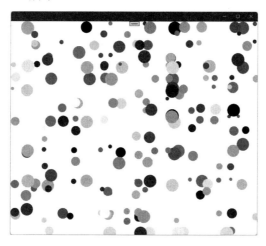

图 9.23 运动的球的运行结果

如图 9.24 所示，当一个球向箭头所指的方向运动时，可用 xv 和 yv 表示它的运动方向。当 xv 和 yv 都为正数时，球往右下方运动；当 xv 为正数，yv 为负数时，球往右上方运动；当 xv 为负数，yv 为正数时，球往左下方运动；当 xv 和 yv 都为负数时，球往左上方运动。

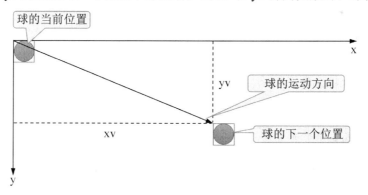

图 9.24 球运动方向分析

xv 和 yv 的正负决定了球运动的方向。而 xv 和 yv 的值越大，球每次移动的距离越大，它的速度就越快。因此，xv 和 yv 的值决定了球运动的方向和速度。

(4) 代码分析。第 48 行代码声明了一个 6 列的二维数组 ballArr，它的第 1 列和第 2 列分别存放球所在位置的 x 轴坐标值和 y 轴坐标值。第 3 列和第 4 列用于存放 xv 和 yv 的值。也就是说，ballArr[i,2]和 ballArr[i,3]的值决定了球运动的方向和速度。改变它们的正负就可以改变球的运动方向。二维数组的第 5 列存放的是球的直径，第 6 例存放的是球的颜色，它们都是由随机数生成。

第 11 和第 12 行代码演示了如何以代码的方式,将 UI 中的 GraphicsView 与 GraphicsDrawable 类相关联。可以知道,这种方式比使用 XAML 的方式简单得多。

第 38 行代码中调用了 GraphicsView 的 Invalidate( )方法,调用此方法将导致画布重绘,即先清空画布,再执行 Draw( )方法。

思考:如何把运动的球由纯色改为具有光影效果的立体球?

本 章 小 结

本章介绍了如何使用 GraphicsView 在 MAUI 应用中进行绘图,首先介绍了直线和几何图形的绘制,然后介绍了阴影及渐变色的绘制,随后讲述了如何绘制文本,最后通过一个实训程序演示了简单动画的制作。掌握这些基础内容可以为将来的学习打下一个良好的基础。

习 题

1. 填空题

(1) 在 GraphicsView 创建时,需要实现_____接口。

(2) 设置画笔颜色时,需要更改 canvas 的_____属性。

(3) 在绘制虚线时,如果需要设置虚线的模式,则需要设置 canvas 的_____属性。

(4) 矩形由四个数字组成,分别表示矩形左上角的 x 轴坐标,矩形左上角 y 轴坐标,_____,_____。

(5) 在设置阴影时,void SetShadow(SizeF offset, float blur, Color color) 方法中的 blur 参数表示设置_____。

(6) 渐变色是在填充图案时从一种颜色逐渐过渡为另一种颜色,它包含了_____和_____。

(7) 渐变停止点的作用是在渐变路径上添加一个新的渐变色,从而实现在一条路径上的_____的渐变。

(8) 绘制文本可采用_____方法。

2. 判断题

(1) 在绘制直线时,canvas 的 StrokeColor 指定了线条的宽度。 ( )

(2) 使用 DrawLine 方法绘制直线时,前两个参数表示直线的终点,后两个参数表示直线的起点。 ( )

(3) StrokeDashPattern 方法表示笔画的虚线模式,它的值为一个浮点数数组。此数组中从索引 0 开始的偶数位表示虚线中的实线段长度,从索引 1 开始的奇数位表示虚线中的空白长度。 ( )

(4) DrawRectangle 方法中的前两个参数表示矩形的宽度和高度。 ( )

(5) 本质上,绘制椭圆就是绘制矩形,每一个矩阵都对应着一个椭圆。 ( )

(6) void SetShadow(SizeF offset, float blur, Color color)方法中，blur 参数表示阴影的颜色。( )

(7) 线性渐变使用 RadialGradientPaint 实现。( )

(8) DrawString 方法中，horizontalAlignment 参数表示文本的水平对齐方式。( )

3．选择题

(1) 以下对( )属性用于设置直线的宽度。
  A．canvas.StrokeColor   B．canvas.StrokeSize
  C．canvas.LineColor   D．canvas.LineSize

(2) 创建一个矩形可以使用方法：

```
void DrawRectangle(float x, float y, float width, float height);
```

关于这个方法，以下说法错误的是( )。
  A．x 表示矩形左上角坐标点的 X 轴坐标值
  B．y 表示矩形右下角坐标点的 Y 轴坐标值
  C．width 表示矩形宽度
  D．height 表示矩形高度

(3) StrokeLineCap 属性表示线条端点的样式，它的值为一个 LineCap 枚举，以下说法错误的是( )。
  A．Butt 表示端点为矩形，线条长度为线条的原始长度。
  B．Round 表示端点为半圆形，线条长度为线条原始长度。
  C．Round 表示端点为半圆形，线条长度为线条原始长度+线条宽度。
  D．Square 表示端点为矩形，线条长度为线条原始长度+线条宽度。

(4) 以下( )方法用于填充圆角矩阵。
  A．DrawRectangle   B．FillRectangle
  C．DrawRoundedRectangle   D．FillRoundedRectangle

(5) 以下四种图形对象，( )用于绘制阴影。
  A．SolidPaint   B．ImagePaint
  C．PatternPaint   D．GradientPaint

(6) SetShow 方法的参数中，( )用于设置阴影的模糊度。
  A．offset   B．shadow
  C．blur   D．color

(7) 以下( )方法用于在渐变路径上添加渐变停止点。
  A．LinearGradientPaint   B．AddOffset
  C．RadialGradientPaint   D．SetFillPaint

(8) 以下( )属性用于设置字体的样式。
  A．canvas.FontSize   B．canvas.Font
  C．canvas.FontColor   D．canvas.SetShadow

4. 简答题

(1) 阐述线性渐变中，LinearGradientPaint 的主要属性包括哪些，它们的作用是什么。
(2) 简述设置阴影所使用的方法，方法中有哪些参数，每个参数的作用是什么。

5. 编程题

(1) 编写一个程序，使得窗体上的一个红色小球能按圆形轨迹运动。
(2) 编写程序，在窗体上画出一个五角星。
(3) 编写一个程序，当运行程序后在窗体上画出如图 9.25 所示的 10 条直线。
(4) 编写一个程序，当运行程序后在窗体上画出如图 9.26 所示的 10 个矩形。
(5) 编写一个程序，在窗体上输出一行文字"你好，世界！"。使用字体为隶书 24 号字。

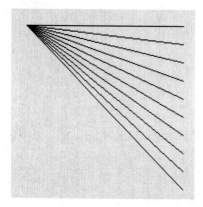

图 9.25　编程题(3)的图

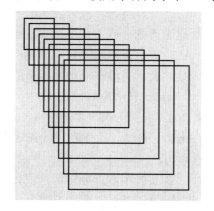

图 9.26　编程题(4)的图

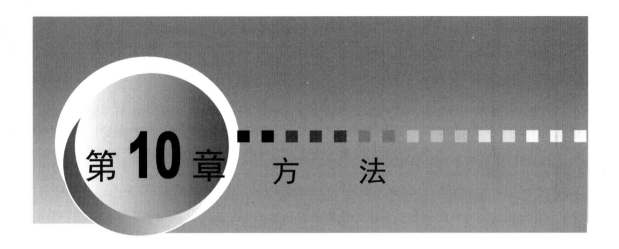

第10章 方 法

教学提示

在编写程序的过程中,实现某个特定功能的程序段有可能在程序中多次出现。相同的代码散落于程序的各个角落,这给维护带来了不便,而方法正是用于包装这些程序段的,一次书写,多处调用。方法的出现有效地减少了重复编写程序段的工作量。

教学要求

知 识 要 点	能 力 要 求	相 关 知 识
方法的定义	(1) 能够说明方法的作用及意义 (2) 能够正确定义方法	(1) 方法的概念 (2) 方法的定义格式 (3) 方法的参数 (4) 方法的返回值
方法的调用	(1) 能够识别形参与实参 (2) 能够正确地调用方法	(1) 方法的调用格式 (2) 形参与实参
方法的参数传递机制	(1) 能够正确使用方法的值参数 (2) 能够正确使用方法的引用参数 (3) 能够正确使用方法的输出参数 (4) 能够正确使用方法的数组参数	(1) 方法的值类型参数和引用类型参数在使用上的区别 (2) 各类方法参数的使用方法及区别
方法的重载	(1) 理解方法重载的意义 (2) 能够正确地重载方法	(1) 方法重载的意义 (2) 方法的重载
变量作用域及可见性	能够识别在不同位置声明的变量的作用域及可见性	(1) 作用域和可见性的概念 (2) 变量的作用域及可见性
方法的递归调用	(1) 理解递归方法的作用及原理 (2) 能够正确地对方法进行递归调用	递归方法的原理及应用

在前面的学习中已经大量地使用了方法，比如用得最多的 Console.WriteLine( )方法是在屏幕上输出指定字符。这些方法是由系统提供的已经定义好的方法，它们实现了某些特定功能。在很多时候，所需要的功能系统并没有提供，这时就需要自己定义方法，以解决用户专门的需求。这些方法又称为自定义方法。

方法是类中用于执行计算或其他行为的成员函数，用于把程序分解为小的单元。可以把在一个程序中多次用到的某个任务定义为方法，如常用的计算、文本和控件的操作。方法对执行重复或共享的任务大有用处，可以在代码中的许多不同位置调用方法，可以将方法作为应用程序的生成块。

用方法构造代码有以下优点。

(1) 方法允许将程序分为不连续的逻辑单元。调试单独的单元与调试不包含方法的整个程序相比，要容易得多。

(2) 可以在其他程序中使用为某个程序开发的方法，通常只需要进行少量修改，有时甚至不需要修改。

10.1 方法的定义

1. 方法的定义格式

方法的定义格式如下所示。

```
方法修饰符  返回类型  方法名(形参列表)
{
        方法体
}
```

方法修饰符包括 new、public、protected、internal、private、static、virtual、sealed、override、abstract 和 extern。修饰符可以是一个，也可以是多个，甚至可以省略。这些方法修饰符并不是本书所关注的内容，在对 C#语言进行更深入地学习时再理解它们的作用也不迟。

(1) 返回类型：方法执行完毕后，可以不返回任何值也可以返回一个值。如果方法不返回值，则返回类型为 void。

(2) 方法名：规范的方法名应该使用 Pascal 命名法，即将标识符的首字母和后面连接的每个单词的首字母都大写。方法名不应与同一个类中的其他方法同名，也不能与类中的其他成员名称相同。

(3) 形参列表：方法可以不带参数，也可以带多个参数。

注意：即使不带参数也要在方法名后加一对圆括号，区别方法和属性的关键就是看它们的后面是否带圆括号。方法的参数可以有一种类型，也可以有多种类型。每个参数都要有自己的类型声明，多个参数之间使用逗号分隔。

```
void StartGame()                        //没有参数
void PlaySound(string path)             //带一个参数
int Max(int a, int b, int c)            //带多个相同类型的参数
void GetInfo(string Name, int lever)    //带多个不同类型的参数
```

2. 返回值

方法的返回值是通过方法体中的 return 语句获得的，return 语句后面表达式的值即为方法的返回值。方法体中任何位置可以出现任意数目的 return 语句，当执行到某一个 return 语句时，该 return 语句起作用。return 语句在赋予返回值的同时退出方法的执行。下面定义一个实现两个数比较求最大值的方法，注意学习方法定义的格式及如何给方法返回值。

```
public int Max(int x, int y)
{
    if (x > y)        //如果参数 x 大于 y
        return x;     //返回 x 的值
    else              //否则
        return y;     //返回 y 的值
}
```

当方法的返回类型为 void 时，方法体中可以有 return 语句，也可以没有 return 语句，但不允许给 return 语句指定表达式。在返回类型为 void 的方法中，使用 return 语句的作用是立即退出方法的执行。

```
return;              // 正确，立即退出方法
return x;            // 错误，返回类型为 void 时，return 后面不允许指定表达式
```

当方法的返回类型不是 void 时，方法体中必须有 return 语句，且每个 return 语句都必须指定一个跟方法声明中的返回类型相一致的表达式。

10.2 方法的调用

10.2.1 方法调用格式

在 C#语言中，方法的调用主要采用以下两种格式。

```
表达式=方法名(实参列表)        //格式 1
方法名(实参列表)              //格式 2
```

使用带返回值的方法时往往使用格式 1 来调用方法。如果不需要使用方法的返回值，则可以采用格式 2 来调用方法，这时将执行方法的所有操作而忽略返回值。

注意：在调用返回类型为 void 的方法时，不能在表达式或赋值语句中使用其名称来调用它。

【例 10-1】 比较两个数的大小。

(1) 示例代码。

```
1  int Max(int x, int y)    //声明一个方法          形参 x 和 y
2  {
3      if (x > y)
4          return x;
5      else
```

```
6        return y;
7    }
8
9 Console.WriteLine("6 和 8 比较大的值为: " + Max(6, 8));
```

(2) 运行结果。

```
6 和 8 比较大的值为 8
```

(3) 代码分析。第 1～7 行代码声明了一个方法 Max()。方法的形参为两个整数 x 和 y，方法体中比较两个数的大小，并返回较大的那个值。

第 9 行代码使用格式 2 调用了之前声明的方法 Max()。由于该方法将返回 6 和 8 之间较大的值，所以调用的结果将返回一个较大的整数 8。当然，也可以使用格式 1 来调用 Max() 方法，如可以把第 9 行代码改为以下内容。

```
int i = Max(6, 8);              //采用格式 1 调用方法
Console.WriteLine("6 和 8 比较大的值为: " + i);
```

首先使整数 i 的值为方法 Max(6,8) 的值，再输出 i 的值。这样做的效果和【例 10-1】的是一样的。

10.2.2 形参与实参

在定义方法时，方法名后面圆括号中的变量名称为"形参"，如【例 10-1】中第 1 行代码。在调用方法时，方法名后面圆括号中的表达式称为"实参"，如【例 10-1】中的第 9 行代码。由此可知，形参和实参都是方法的参数，它们的区别是一个表示声明时的参数，另一个表示调用时的参数。

关于形参与实参有以下几点说明。

(1) 在定义方法中指定的形参变量，在未出现方法调用时，它们并不占内存中的存储单元。只有在发生方法调用时，才给方法中的形参分配内存单元。在调用结束后，形参所占的内存单元也被释放。

(2) 实参可以是常量、变量或表达式。

```
Max(3, a + b);           //第 1 个参数为 3，第 2 个参数为表达式 a+b 的值
```

但要求它们有确定的值。在调用时，将实参的值赋给形参变量。如果是引用类型变量，则传递的仅是对这个对象的引用。

(3) 在定义方法时，必须指定形参的类型。

(4) 在方法调用中，实参列表中参数的数量、类型和顺序必须与形参列表中的完全对应。如将【例 10-1】第 9 行代码中对 Max() 方法的调用改为如下形式，将不能通过编译。

```
Max(6, 8F)               //错误，类型不匹配
Max(6, 7, 8)             //错误，参数个数不一致
```

(5) 实参变量对形参变量的数据传递是单向传递，只能由实参传给形参，而不能由形参传回来给实参。在内存中，实参单元与形参单元是不同的单元。在调用函数时，给形参分配存储单元，并将实参对应的值传递给形参，调用结束后，形参单元被释放，实参单元仍保留并维持原值。

课堂练习1：编写一个名为 Transform( )的方法，方法的形参为一个整数，代表秒数，要求在方法体内将秒数转换为用小时、分钟和秒表达的时间，然后以字符串形式返回。例如，参数为 3681，返回 1:1:21。

10.3 方法的参数传递机制

从参数的传递机制来说，C#语言中方法的参数有以下 4 种类型。
(1) 值参数(Value Parameter)，不含任何修饰符。
(2) 引用型参数(Reference Parameter)，以 ref 修饰符声明。
(3) 输出参数(Output Parameter)，以 out 修饰符声明。
(4) 数组型参数(Array Parameter)，以 params 修饰符声明。

10.3.1 值参数

声明时不带任何修饰符的参数是值参数。

当形参是值参数时，实参变量对形参变量的数据传递是"传值"，在调用方法时将实参的值赋给形参。但需要注意的是，当参数为值类型和引用类型时，它们所传递的内容是不一样的。关于值类型和引用类型可以参考第 8.1.4 小节。

【例 10-2】 值类型参数和引用型参数的区别。
(1) 示例代码。

```
1   void ChangeParameter(int x, int[] theArr)   //声明方法
2   {
3       x = 100;                         //改变形参 x 的值
4       theArr[0] = 200;                 //改变形参数组第 1 个元素的值
5   }
6
7   int[] arr = { 0, 1, 2 };
8   int i = 1;
9   ChangeParameter(i, arr);             //调用方法并把整数 i 和数组 Arr 传递进去
10  Console.WriteLine("i 的值为: " + i);  //输出整数 i 的值
11  Console.WriteLine("arr[0]={0},arr[1]={1},arr[2]={2}",
12      arr[0], arr[1], arr[2]);         //输出数组元素的值
```

(2) 运行结果。

```
i 的值为: 1
arr[0]=200,arr[1]=1,arr[2]=2
```

(3) 代码分析。值类型变量 i 和引用类型变量 arr 作为实参，被传递给 ChangeParameter( )方法，在方法中对它们所对应的形参进行了改变。但是从运行结果可知，变量 i 的值并没有被改变，而数组第 1 个元素的值由 0 变为 200。

程序运行时，首先执行第 7 行代码初始化一个数组 arr。这一操作将在堆中创建一个有 3 个元素的数组对象，在栈上创建一个数组变量 arr，变量 arr 实际存放的是指向堆的内存

地址(假设是 2046)。第 8 行代码在栈上创建了一个值类型变量 i，它的值为 1。执行完这两步后内存状态如图 10.1 所示。

第 9 行代码调用 ChangeParameter( )方法，并把变量 i 和 arr 作为参数传递过去，这时程序将跳转到第 1 行代码继续执行。方法执行时，会为两个形参在栈上创建新的存储单元，而它们的值正好是传递过来的实参的值。如图 10.2 所示，此时，形参 x 的值等于实参 i 的值，形参 theArr 的值与实参 arr 的值也相等。也就是说，它们所指向的是同一块内存空间，即堆中的数组对象。

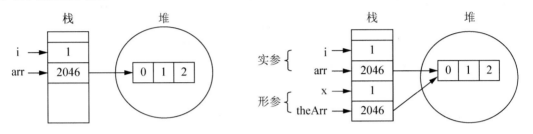

图 10.1 方法执行前的内存状态　　　　图 10.2 方法开始执行

第 3 行代码把 x 的值改变为 100，i 和 x 分属于不同的内存空间，i 的值自然就不会跟着一起改变。第 4 行代码把 theArr[0]的值改变为 200，这个操作改变的是堆上的数组对象中的内容，如图 10.3 所示。此时，无论是实参 arr 还是形参 theArr，它们所指向的还是堆上的同一数组对象。当方法执行完毕返回到调用方法的地方(第 9 行代码)继续往下执行时，数组 arr 的元素值已经被改变。

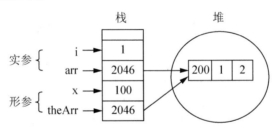

图 10.3 方法执行完毕

注意：第 8.1.4 小节已经提到字符串是一个特殊的类型，虽然是引用类型，但它的值不能被改变。当把字符串变量作为值参数进行传递时也无法改变它的值。

【例 10-3】 字符串型参数。

(1) 示例代码。

```
1  void ChangeStr(string s)
2  {
3      s = "changed";      //改变形参的值
4  }
5
6  string s = "original";
7  ChangeStr(s);
8  Console.WriteLine(s);
```

(2) 运行结果。

```
original
```

(3) 代码分析。本例中的形参和实参的变量名相同,都为 s,但它们是两个完全不同的变量,分属于不同的内存单元,这点不要混淆。

10.3.2 引用参数

经过前面的学习已经知道,方法的返回值只能有一个,如果希望方法能返回多个值,常规的方法就无能为力了。这时可以做个变通,使用引用参数或输出参数来实现为一个方法返回多个值的功能。

用 ref 修饰符声明的参数为引用参数。和值参数不同的是,实参变量对形参变量的数据传递是"传引用"。引用参数并不开辟新的内存区域。当利用引用参数向方法传递形参时,编译程序将把实际值在内存中的地址传递给方法,使得实参的存储位置与形参的存储位置相同。在执行一个方法调用时,形参的值如果发生改变,将会影响在方法调用中给出的实参的值。

【例 10-4】 引用参数的应用。

(1) 示例代码。

```
1   void Swap(ref int x, ref int y)
2   {   //交换两个形参的值
3       int temp = x;
4       x = y;
5       y = temp;
6   }
7
8   int i = 10, j = 20;
9   Console.WriteLine("i={0},j={1}", i, j);    //输出被方法调用前的值
10  Swap(ref i, ref j);                         //调用方法
11  Console.WriteLine("i={0},j={1}", i, j);    //输出被方法调用后的值
```

(2) 运行结果。

```
i=10,j=20
i=20,j=10
```

(3) 代码分析。函数 Swap( )有两个引用参数 x 和 y,在函数内交换 x 和 y 的值的同时也交换了实参 i 和 j 的值。

从【例 10-2】得知,当参数为值类型时,改变形参不会影响实参的值。但【例 10-4】中使用了带 ref 前缀的引用参数后,改变形参的同时也改变了实参的值。

需要注意的是,无论是方法定义还是调用方法,使用引用参数时都必须显式地使用 ref 前缀。另外,对于字符串来说,引用参数同样有效。

【例 10-5】 字符串引用参数。

(1) 示例代码。

```
1   void ChangeStr(ref string s)              //将参数改为引用参数
2   {
```

```
3        s = "changed";                          //改变形参的值
4    }
5
6    string s = "original";
7    ChangeStr(ref s);                           //这里使用引用参数的方式调用
8    Console.WriteLine(s);
```

(2) 运行结果。

```
changed
```

(3) 代码分析。可以看到，本例的运行结果与【例 10-3】的不同，使用引用参数的方式调用字符串后，字符串实参的值也被更改了。现在它和形参所指向的是同一个字符串对象。

10.3.3 输出参数

用 out 修饰符声明的参数称为输出参数。输出参数与引用参数类似，也不开辟新的内存区域，当在方法体中为输出参数赋值时，就相当于给实参变量赋值。

【例 10-6】 输出参数的应用。

(1) 示例代码。

```
1    void OutMultiValue(out int x, out int y)
2    {    //更改输出参数的值
3        x = 100;
4        y = 200;
5    }
6
7    int i, j;                                   //声明两个变量，但不对它们进行初始化
8    OutMultiValue(out i, out j);                //使用输出参数进行调用
9    Console.WriteLine("r={0},j={1}", i, j);
```

(2) 运行结果。

```
r=100,j=200
```

(3) 代码分析。通过前面的学习可知，变量在没有进行初始化之前是不能使用的，但把它作为输出参数是一个特例。第 7 行代码并没有对变量 i 和 j 进行初始化，但可以在调用方法时直接使用它作为输出参数。在 OutMultiValue( )方法内部更改形参 x 和 y 的同时，i 和 j 的值也被更改。可以看到，在更改形参的同时也更改了实参这一点上，引用参数和输出参数是一样的。另外，无论是定义方法还是调用方法，使用输出参数时都必须显式地使用 out 关键字。

引用参数和输出参数之间存在如下区别。

1. 引用参数必须在进行初始化之后才能调用，而输出参数则不用

【例 10-7】 将【例 10-6】方法中的输出参数更改为引用参数。

(1) 示例代码。

```
1    void OutMultiValue(ref int x, ref int y)    //这里进行了更改
2    {
3        x = 100;
```

```
4       y = 200;
5   }
6
7   int i, j;
8   OutMultiValue(ref i, ref j);              //这里进行了更改
9   Console.WriteLine("r={0},j={1}", i, j);
```

(2) 运行结果。不能通过编译，提示"使用了未赋值的局部变量 i"。

(3) 代码分析。因为在使用变量作为引用参数前必须对它进行初始化，因此本例的代码无法通过编译。只要把第 7 行代码更改为

```
int i = 0, j = 0;
```

即可通过编译并正确运行。

2. 在方法体内可以不给引用参数赋值，但必须给输出参数赋值

【例 10-8】 引用参数方法体内可不用赋值。

(1) 示例代码。

```
1   void OutMultiValue(ref int x, ref int y)
2   {
3
4   }
5
6   int i = 0, j = 0;
7   OutMultiValue(ref i, ref j);
8   Console.WriteLine("r={0},j={1}", i, j);
```

(2) 运行结果。

```
r =0,j=0
```

(3) 代码分析。方法 OutMultiValue( )什么都没做，但程序依然通过编译。如果把程序中的 ref 全部改为 out 则结果就不一样了。

【例 10-9】 输出参数方法体内必须赋值。

(1) 示例代码。

```
1   void OutMultiValue(out int x, out int y)     //这里进行了更改
2   {
3
4   }
5
6   int i = 0, j = 0;
7   OutMultiValue(out i, out j);                 //这里进行了更改
8   Console.WriteLine("r={0},j={1}", i, j);
```

(2) 运行结果。无法通过编译，提示"控制离开当前方法之前必须对 out 参数 x 赋值"。

(3) 代码分析。如果想让方法返回多个参数，输出参数比引用参数更为适合，因为输出参数强迫使用者必须在方法体内给参数赋值。

课堂练习 2：编写一个名为 Transform( )的方法，方法形参为一个整数，代表秒数，要求在方法体内将秒数转换为用小时、分钟和秒表达的时间，然后以整数形式分别返回转换后的小时数、分钟数和秒数。例如，参数为 3681，返回 1、1 和 21 三个整数。

10.3.4 数组型参数

用 params 修饰符声明的参数称为数组型参数。数组型参数允许向方法传递个数变化的参数。也就是说，调用方可以传递一个属于同一类型的数组变量，或任意多个与该数组的元素属于同一类型的变量。使用数组型参数需要注意以下 3 点。

(1) 如果形参列表中包含了数组型参数，那么它必须在形参列表中位于最后。
(2) 数组型参数只允许是一维数组。
(3) 数组型参数不允许使用 ref 和 out 修饰符。

【例 10-10】 数组型参数的应用。

(1) 示例代码。

```
1   void MultiParams(params int[] varPara)
2   {
3       Console.Write("数组包含{0}个元素: ", varPara.Length);//输出参数个数
4       foreach (int i in varPara)
5       {   //输出所有输入的参数
6           Console.Write($"{i} ");
7       }
8       Console.WriteLine();
9   }
10
11  int[] arr = { 1, 2, 3, 4, 5 };
12  MultiParams(arr);              //使用数组作为实参
13  MultiParams(10, 20);           //使用 2 个整数作为实参
14  MultiParams(5, 6, 7, 8);       //使用 4 个整数作为实参
15  MultiParams();                 //没有参数
```

(2) 运行结果。

```
数组包含5个元素: 1 2 3 4 5
数组包含2个元素: 10 20
数组包含4个元素: 5 6 7 8
数组包含0个元素:
```

(3) 代码分析。第 1 行代码声明了一个 MultiParams( )方法，它的形参为一个整型数组，并在参数前面使用 params 关键字进行修饰。这表示在调用方法时使用多个整数或一个整型数组作为实参。

第 12～15 行代码 4 次调用 MultiParams( )方法，并分别采用了不同的参数个数。第 12 行代码直接使用一个整型数组作为参数。第 13 行和第 14 行代码分别使用了 2 个和 4 个参数。第 15 行代码没有使用任何参数。这些都是合法的。由此可见，在方法中使用数组参数时，调用是非常灵活的。

10.4 方法的重载

在本章开始处，定义了一个 int Max(int x,int y)方法，用于对两个整数进行比较。如果要求对两个浮点数进行比较，则需重新定义一个方法。

```
double MaxDouble(double x, double y){}
```

如果还需要对多种类型进行比较，则需要定义多个不同名称的方法，如 MaxChar( )、MaxDecimal( )、MaxString( )等。更糟糕的是，如果需要比较的是 3 个数字，还要添加新的方法。

```
int MaxThreeNum(int x, int y, int z){}
```

这些方法虽然实现了相同的功能，但却有着各种各样的名称，它们难于记忆，给开发人员带来了极大的困难。幸运的是，C#语言支持方法的重载，从根本上解决了这类问题。在 C#语言中，可以给以上的方法起相同的名称，在调用时，编译器会根据不同的方法签名调用相应的方法。

方法签名由方法名称和一个参数列表(方法参数的顺序和类型)组成。只要签名不同，就可以在一种类型内定义具有相同名称的多种方法。定义两种或多种具有相同名称的方法，称为重载方法。C#语言类库中存在着大量的重载方法，如 Console.WriteLine( )方法有 19 个重载的版本。这些重载方法使程序的调用更加灵活方便，极大地提高了开发效率。

【例 10-11】 重载方法的应用。

(1) 示例代码。

```
1    Fun fun = new();
2    Console.WriteLine(fun.Max(1, 2));              //调用版本1
3    Console.WriteLine(fun.Max(2.3, 4.5));          //调用版本2
4    Console.WriteLine(fun.Max(2, 1, 3));           //调用版本3
5
6    public class Fun
7    {
8        public int Max(int x, int y)               //Max()方法的版本1
9        {
10           return (x > y) ? x : y;
11       }
12       public double Max(double x, double y)      //Max()方法的版本2
13       {
14           return (x > y) ? x : y;
15       }
16       public int Max(int x, int y, int z)        //Max()方法的版本3
17       {
18           if (x > y && x > z)
19           {
20               return x;
```

```
21          }
22          else
23          {
24              return (y > z) ? y : z;
25          }
26      }
27  }
```

(2) 运行结果。

```
2
4.5
3
```

(3) 代码分析。本例声明了 3 个名字同为 Max() 的方法，版本 1 和版本 2 有着相同的参数个数，但它们的参数类型不同。版本 3 与版本 1 的参数同为整型参数，但参数个数不同，符合方法的重载的条件。

注意：.NET 6.0 之后，Main() 函数已经隐藏，在 Program.cs 之中可以直接编写方法，但不支持直接编写多个重载方法。必须将多个重载方法包含在一个类中。

另外，如果两个方法的参数类型相同，但顺序不一样，也可以构成重载的条件。

```
int Max(int x, char y){}
int Max(char y, int x){}              //可以重载
```

这两个方法的参数类型都是一个整型和一个字符型，但顺序不同，这种情况可以重载。方法的重载需要注意以下几点。

(1) 如果两个方法只是返回类型不一致，则不构成重载条件。

```
int Max(int x, int y){}
void Max(int x, int y){}              //不可以重载
```

(2) 如果一个方法采用 ref 参数，而另一个方法采用 out 参数，则无法重载这两个方法。

```
static int Max(ref int x){}
static void Max(out int x){}          //不可以重载
```

(3) 如果一个方法采用 ref 或 out 参数，而另一个方法不采用这两类参数，则可以进行重载。

```
static int Max(int x){}
static void Max(ref int x){}          //可以重载
```

10.5 变量的作用域及可见性

作用域是标识符在程序中有效的范围。可见性则是从另一角度表示标识符的有效性，标识符在某个位置可见，表示该标识符可以被使用。可见性和作用域是保持一致的。

C#语言中的变量从作用域上来说可分为局部变量和成员变量。成员变量在类中声明，

它的可见性由可见性标识符控制，可以是类的内部，也可以是类的外部(本节不讨论成员变量在类外部的可见性)；而在方法中声明的则是局部变量。

【例 10-12】 成员变量和局部变量。

(1) 示例代码。

```
1   Math math = new();
2   Console.WriteLine(math.Fun0(5));
3   Console.WriteLine(math.Fun1());
4   Console.WriteLine(math.Fun2());
5
6   public class Math                              //声明一个类
7   {
8       int a = 2;                                 //成员变量a，其作用域由此开始
9       public int Fun0(int b)                     //参数b，其作用域由此开始
10      {
11          return b;                              //此处调用的是参数b
12      } //参数b的作用域到此结束
13      public int Fun1()
14      {
15          return a;                              //此处调用的是成员变量a
16      }
17      public int Fun2()
18      {
19          int c = 3;                             //局部变量c，其作用域由此开始
20          return c;                              //此处调用的是局部变量c
21      }
22   } //成员变量a的作用域到此结束
```

(2) 运行结果。

```
5
2
3
```

(3) 代码分析。局部变量 c 的作用域从声明的地方开始，在方法结尾处结束。参数 b 的作用域在整个方法内。成员变量 a 的作用域则在整个类的内部，包括类中的所有方法。与局部变量有所不同的是，无论把成员变量 a 的声明放在类的开始处还是类的结束处，它的可见性都是一样的。

【例 10-13】 把【例 10-12】中的 a、b、c 的名字全部改为 i。

(1) 示例代码。

```
1   Math math = new();
2   Console.WriteLine(math.Fun0(5));
3   Console.WriteLine(math.Fun1());
4   Console.WriteLine(math.Fun2());
5
6   public class Math                              //声明一个类
```

```
7   {
8       int i = 2;                              //成员变量 i, 其作用域由此开始
9       public int Fun0(int i)                  //参数 i, 其作用域由此开始
10      {
11          return i;                           //此处调用的是参数 i
12      } //参数 i 的作用域到此结束
13      public int Fun1()
14      {
15          return i;                           //此处调用的是成员变量 i
16      }
17      public int Fun2()
18      {
19          int i = 3;                          //局部变量 i, 其作用域由此开始
20          return i;                           //此处调用的是局部变量 i
21      }
22  } //成员变量 i 的作用域到此结束
```

(2) 运行结果。

```
5
2
3
```

(3) 代码分析。在本例中,同时出现了 3 个 i 变量。第 11 行代码处既可以访问成员变量 i,也可以访问参数 i,从结果得知,这里访问的是参数 i。第 19 行代码也可以访问成员变量 i 和局部变量 i,而它选择了访问局部变量 i。通过这个例子可以得知,当变量同名且同时可见时,程序优先选择的是离自己最近的变量(方法体内的代码优先选择方法体内声明的变量)。另外,参数 i 和方法调用时的 i 的关系是形参和实参的关系,两者分属于不同的内存单元,互不可见,同名不会有任何影响。

如果想让第 20 行代码访问的是成员变量 i,可以使用 this 关键字作为前缀,可以将第 20 行代码更改为以下内容。

```
return this.i;                              //this.i 指明访问的是成员变量 i
```

有一点需要注意,并不是说可以随意地声明同名变量。例如,在 Fun2( )方法中声明两个变量 i。

```
int i = 3;
int i = 4;                                  //错误,与前面声明的 i 冲突
```

在相同的作用域内声明同名变量是非法的。
在循环和判断语句中声明的变量只在循环判断语句中有效。

```
int sum = 0;
for (int i = 1; i <= 100; i++)              //i 的作用域从此开始
{
    sum += i;
}                                           //i 的作用域到此结束
i = 0;   //这一句代码试图访问循环中声明的 i,将导致编译错误!
```

可以在两个没有嵌套关系的循环或判断语句中声明两个同名变量。

【例 10-14】 在两个没有嵌套关系的循环语句中声明同名变量。

(1) 示例代码。

```
1    int sum1 = 0, sum2 = 0;              //sum1 和 sum2 的作用域从此开始
2    for (int i = 1; i <= 50; i++)        //第1个 i 的作用域从此开始
3    {
4        sum1 += i;
5    }                                    //第1个 i 的作用域到此结束
6    for (int i = 1; i <= 100; i++)       //第2个 i 的作用域从此开始
7    {
8        sum2 += i;
9    }                                    //第2个 i 的作用域到此结束
10   Console.WriteLine("sum1={0}; sum2={1}", sum1, sum2);
11   Console.ReadLine();
```

(2) 运行结果。

```
sum1=1275; sum2=5050
```

(3) 代码分析。本例中存在着 2 个变量 i，每个 i 分属于不同的循环语句，它们都只在自己的 for 语句内有效，它们的作用域没有交叉部分，相互之间是不可见的。但如果两个循环语句是属于嵌套关系就不能这样写代码了。

课堂练习 3：编写一个名为 DelAsterisk( )的方法，方法形参为一个字符串。其功能是删除字符串中所有*号并返回。例如，形参为***A*BC*DEF*G*****，则返回值为 ABCDEFG。

10.6　方法的递归调用

在方法中直接或间接地调用自己，称为方法的递归调用。在程序设计中，很多算法需要使用递归。例如，遍历计算机硬盘中某个盘符下的所有文件和文件夹，一个盘符下可以有多个子文件和子文件夹，而这些子文件夹下还可以有自己的子文件和子文件夹。这样，所有的文件和文件夹之间就构成了一个树状关系。这类树状关系问题的求解就需要使用到递归算法。

【例 10-15】 用递归算法求 1～100 的和。

视频 10.1：递归算法

视频通过一个故事讲述了什么是递归算法，以帮助读者理解其原理，请务必观看学习。

(1) 示例代码。

```
1    static int SumOf(int i)
2    {
```

```
3        if (i == 1)
4        {
5            return 1;
6        }
7        return i + SumOf(i - 1);           //调用自己
8    }
9
10   Console.WriteLine(SumOf(100));         //调用递归方法
```

(2) 运行结果。

```
5050
```

(3) 代码分析。1～100 的和等于 100 加上 1～99 的和,而 1～99 的和又等于 99 加上 1～98 的和,如此反复,一直到 1～2 的和等于 1 加上 1～1 的和。最后可知,1～1 的和等于 1。有了一个明确的结果后,再反推回去,最后得到 1～100 的和。这就是这道题的解题思路。

SumOf(int i)方法的作用是求 1～i 的和。第 3～6 行代码判断 i 是否等于 1,如果等于 1,由于 1～1 的和等于 1,因此返回 1。这里它作为递归返回的条件是确定的,没有明确的返回条件的方法将会无限递归下去。图 10.4 所示为图解递归求 1～3 的和的运算过程。

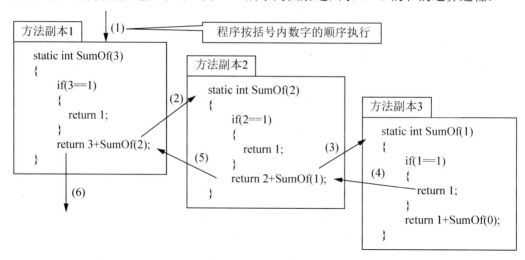

图 10.4　图解递归求 1～3 的和的运算过程

(1) 开始调用 SumOf( )方法,为方法分配一块内存空间,这时 i 的值为 3。方法副本 1 所示的是把 i 替换成 3 后的代码。

(2) 方法副本 1 要执行 return 语句返回结果,就必须等待 SumOf(2)返回一个值。此时,方法副本 1 中的方法暂停执行,在内存中开辟另一块内存空间执行方法副本 2。

(3) 方法副本 2 执行到 return 语句,需要等待 SumOf(1)返回一个值。此时,方法副本 2 也暂停执行,在内存中为 SumOf( )方法开辟第 3 块内存空间执行方法副本 3。

(4) 方法副本 3 中形参的值为 1,方法副本 3 返回一个确定的值 1 给方法副本 2 的 SumOf(1)。

(5) SumOf(1)的值为 1,表达式 2+SumOf(1)的值为 3。方法副本 2 返回一个 3 给方法副本 1 的 SumOf(2)。

(6) SumOf(2)的值为 3，表达式 3+SumOf(2)的值为 6，此时方法调用结束并返回 6。

很多时候，使用递归算法求解问题时的代码更精简易读，但递归算法会大量地使用内存，导致程序性能下降。因此，能够使用循环解决的问题尽量不要使用递归来求解。

课堂练习 4：分别使用递归算法和非递归算法计算斐波那契(Fibonacci)数列中第 n 项的值。斐波那契数列为 1,1,2,3,5,8,13,21,34,55,89,…。其中，第 1 项和第 2 项的值都为 1，其后每一项的值都为前两项之和。如果输入的值为 7，则返回值为 13。

实 训 指 导

1. 实训目的

(1) 掌握方法的定义。
(2) 掌握方法的调用。

2. 实训内容

手绘时钟。制作一个指针式的时钟，可以放在桌面上显示。

3. 实训步骤

视频 10.2：手绘时钟
视频演示了本章实训项目的编写过程及算法原理。

(1) 新建一个 MAUI 应用程序，并将项目命名为 Clock。
(2) MainPage.xaml 中的 UI 代码。

```xml
<?xml version="1.0" encoding="utf-8" ?>
<ContentPage xmlns="http://schemas.microsoft.com/dotnet/2021/maui"
        xmlns:x="http://schemas.microsoft.com/winfx/2009/xaml"
        xmlns:drawable="clr-namespace:Clock"
        x:Class="Clock.MainPage">

    <ContentPage.Resources>
        <drawable:GraphicsDrawable x:Key="drawable" />
    </ContentPage.Resources>

    <GraphicsView x:Name="gView" Drawable="{StaticResource drawable}"/>
</ContentPage>
```

(3) MainPage.xaml.cs 中的程序代码。

```
1   namespace Clock;
2
3   public partial class MainPage : ContentPage
```

```
4    {
5        public MainPage()
6        {
7            InitializeComponent();
             //创建定时器
8            System.Timers.Timer timer = new System.Timers.Timer();
9            timer.Interval = 1000;              //定时周期设置为1秒
10           timer.Elapsed += Timer_Elapsed;     //关联定时到期事件
11           timer.Start();                      //启动定时器
12       }
13
14       private void Timer_Elapsed(object sender, System.Timers.ElapsedEventArgs e)
15       {
16           gView.Invalidate();                 //画布重绘
17       }
18   }
19
20   public class GraphicsDrawable : IDrawable
21   {
22       public void Draw(ICanvas canvas, RectF dirtyRect)
23       {
24           canvas.ResetState();                //恢复画布状态,将上一次的旋转和缩放作废
25           canvas.StrokeLineCap = LineCap.Round; //设置线条为圆形端点
26           canvas.FillColor = Colors.Gray;
27           //平衡和缩放
28           //将坐标原点移至画布的中心点
29           canvas.Translate(dirtyRect.Center.X, dirtyRect.Center.Y);
30           //将画布长和宽中更小的长度设置为200个单位
31           float scale = Math.Min(dirtyRect.Width / 200f, dirtyRect.Height / 200f);
32           canvas.Scale(scale, scale);
33           //绘制时钟刻度
34           for (int angle = 0; angle < 360; angle += 6)
35           {
36               canvas.FillCircle(0, -90, angle % 30 == 0 ? 4 : 2);
37               canvas.Rotate(6);               //画布旋转6度
38           }
39
40           DateTime now = DateTime.Now;        //获取当前时间
41           canvas.StrokeColor = Colors.Gray;
42           //绘制时针
43           DrawHand(canvas, 20, 30 * now.Hour + now.Minute / 2f, 0, -50);
44           //绘制分针
45           DrawHand(canvas, 10, 6 * now.Minute, 0, -70);
46           //绘制秒针
47           DrawHand(canvas, 2, 6 * now.Second, 10, -80);
48       }
49       /*绘制指针的方法
```

```
     *参数：
     *    canvas: 绘制的画布
     *    strokeSize: 指针的线条宽度
     *    degree: 旋转的角度
     *    yStart: 指针起点的y轴坐标
     *    yEnd: 指针终点的y轴坐标 */
50   void DrawHand(ICanvas canvas, float strokeSize, float degree,
     float yStart, float yEnd)
51   {
52       canvas.StrokeSize = strokeSize;
53       canvas.SaveState();            //保存当前画布上的图元的状态
54       canvas.Rotate(degree);
55       canvas.DrawLine(0, yStart, 0, yEnd);
         //恢复之前保存的图元的状态，使得它们可以恢复到旋转之前的位置
56       canvas.RestoreState();
57   }
58   }
```

(4) 运行结果如图 10.5 所示。

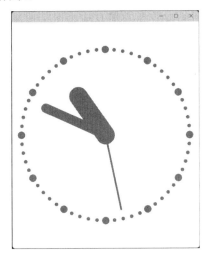

图 10.5 手绘时钟的运行结果

第 31 行的画布缩放代码非常实用，它将画布的宽和高设定为 200 个绘制单位，从而使图形可以随画布一起变大或变小，这样无论窗体尺寸如何改变，都可以让时钟充满整个窗体。运行程序后，请尝试改变窗体尺寸，查看效果。

本 章 小 结

本章介绍了方法的定义和调用，并介绍了方法中的各种机制，如方法的参数类型、方法的重载、方法的递归调用。灵活的使用方法能在很大程度上提高程序开发的效率。掌握方法的各种机制是进一步学习 C#语言的关键所在。

习 题

1. 选择题

(1) 引用参数的修饰符是(   )。
   A. 无修饰符   B. ref   C. out   D. params

(2) 关于形参和实参关系的描述错误的是(   )。
   A. 数量相同   B. 类型相同   C. 顺序相同   D. 名称相同

(3) 下列关于方法的重载描述不正确的是(   )。
   A. 两个方法的参数类型都是一个整型和一个字符型但顺序不同，则不构成重载条件
   B. 如果两个方法只是返回类型不一致，则不构成重载条件
   C. 如果一个方法采用 ref 参数，而另一个方法采用 out 参数，则无法重载这两个方法
   D. 如果一个方法采用 ref 或 out 参数，而另一个方法不采用这两类参数，则可以进行重载

(4) 下列(   )修饰符声明的方法为静态方法。
   A. virtual   B. override   C. static   D. abstract

(5) (   )通常用于产生多个返回值的方法中。
   A. 值参数   B. 引用参数   C. 输出参数   D. 数组型参数

(6) 在循环和判断语句中声明的变量的有效范围是(   )。
   A. 只在该循环和判断语句中有效
   B. 只在使用该循环和判断语句的方法中有效
   C. 从声明的地方开始到 Main( )方法结尾处结束
   D. 只在该循环和判断语句所在的类中有效

(7) 关于数组型参数的描述不正确的是(   )。
   A. 数组型参数允许向方法传递个数变化的参数
   B. 数组型参数允许使用 ref 和 out 修饰符
   C. 数组型参数必须在参数表中位于最后
   D. 数组型参数只允许是一维数组

(8) 下列代码段执行后的结果是(   )。

```
static void testref(ref int a)
{
    a=a+50;
    Console.WriteLine("a={0}",a);
}
static void Main(string[] args)
{
    int b = 100;
    testref (ref b); //调用方法
```

```
    Console.WriteLine("b={0}",b);
}
```

  A. a=50   b=100
  B. a=150   b=100
  C. a=50   b=150
  D. a=150   b=150

2. 填空题

(1) 方法的返回值可以通过方法体中的_____语句获得。

(2) 如果方法没有返回值，则方法的返回类型为_____。

(3) 声明方法时不带任何修饰符的参数是_____。

(4) _____参数允许向方法传递个数变化的参数。

(5) 在一个类中允许有同名的方法存在，这称为方法的_____。

(6) 在定义方法时，方法名后面的圆括号中的变量名称为_____；在调用方法时，方法名后面圆括号中的表达式称为_____。

(7) C#语言中的变量从作用域上来说可分为局部变量和_____。

(8) 在方法中直接或间接地调用自己，称为方法的_____调用。

3. 判断题

(1) 方法可以不带参数，也可以带多个参数。( )

(2) 区别方法和属性的关键是看它们的后面是否带圆括号。( )

(3) 在方法调用中，实参中参数的数量、类型和顺序必须与形参中的完全对应。( )

(4) 实参对形参的数据传递是单向传递，只能由实参传给形参，而不能由形参传回给实参。( )

(5) 如果形参中包含数组型参数，则参数可以是一维数组或多维数组。( )

(6) 在调用返回类型为 void 的方法时，不能在表达式或赋值语句中使用其名称来调用它。( )

(7) 当参数为引用类型时，改变形参不会影响实参的值。( )

(8) 方法体中任何位置可以出现任意数目的 return 语句，但只有最后一个 return 语句能在赋予返回值的同时退出方法。( )

4. 简答题

(1) 简述用方法构造代码的好处。

(2) 什么是递归？

(3) 什么是方法的重载？

5. 编程题

(1) 编写一个方法，输入 0～6 的数字，输出汉英对照星期。

(2) 计算 3!、5!、6!，以及 3!+5!+6!。

(3) 编写计算圆面积的方法。

(4) 编写求两个数最大公约数的方法。在主程序中输入 3 个整数，调用方法求 3 个整数的最大公约数。

(5) 编制判断素数的方法，验证哥德巴赫猜想：一个不小于 6 的偶数可以表示为 2 个素数之和。例如，6=3+3，8=3+5，10=3+7，…

(6) 利用递归编写程序输出斐波那契数列。斐波那契数列为

1　1　2　3　5　8　13　21　34　55　…

第11章 综合实训

经过前面章节的学习，读者已经掌握了编写应用程序的基本知识，但如果要编写较大型的程序，这还是远远不够的。C#语言是一门完全面向对象的语言，在程序开发的过程中不可避免地要使用到面向对象的知识。本书在讲述基础知识的过程中尽可能地回避面向对象的知识，这是因为在有一定的编程体验的情况下再去理解面向对象会有更好的效果。

本次实训更大的作用在于承上启下，不仅是对前面所学知识一个很好的回顾和总结，而且还涉及一些前面没有学到过的知识，比如面向对象。读者在参考本书编写程序时可能会产生很多的疑问，但是不必灰心，学习的乐趣在于探索！

11.1 实训案例

1. 实训项目

本次实训的任务是制作一个俄罗斯方块游戏。1984年6月，数学家阿列克谢·帕基特诺夫利用空闲时间编出一个游戏程序，用来测试当时一种计算机的性能。帕基特诺夫爱玩拼图，从拼图游戏里得到灵感，设计出了俄罗斯方块。1985年，他把这个程序移植到个人计算机上，俄罗斯方块从此开始传播开来，并风靡世界。

本书仅制作一个最简单的俄罗斯方块，实现最基本的功能(有一部分功能需要读者自行完成)。当然，如果读者还希望实现一些其他功能，自己动手去解决它，那是再好不过的事了。

2. 需求分析

(1) 一个用于摆放小型正方形的平面虚拟场地。其标准大小：行宽为10，列高为20。以每个小正方形为单位。

(2) 一组由4个小型正方形组成的规则图形，通称为方块，共有7种形状，如图11.1所示。

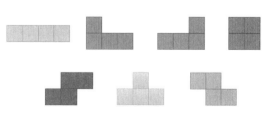

图11.1 方块的7种形状

(3) 方块会从区域上方开始缓慢落下。玩家可以做的操作：以 90°为单位旋转方块；以格子为单位左右移动方块；让方块加速落下。

(4) 方块移到区域最下方或是着地到其他方块上无法移动时，就会固定在该处，而新的方块出现在区域上方开始落下。

(5) 当区域中某一行横向格子全部由方块填满，则该行会消失。且该行上方的所有行会自动下移一行。

(6) 当固定的方块堆到区域最上方与最新出现的方块重叠时，游戏结束。

11.2 方块生成器

视频 11.1：俄罗斯方块 - 方块生成器

视频演示了方块生成器的编写过程及算法原理。

一个方块需要根据应用场景来决定，不同的场景和需求需要不同的表达方式，其最终目的是使运行效率尽可能高，内存使用尽可能小，以及算法复杂度尽可能简单。那么，如何使用最小的内存空间表示上述 7 种方块呢？

假设一个方块包含在一个 4×4 的方块矩阵之内，如图 11.2 所示的 L 型方块。将这个矩阵中的每个方块按从左到右、从上到下的顺序编号，编号为 0～15。每个方块都有两种样式：填充了颜色；处于透明状态未填充颜色。如果 0 号方块使用一个数字的最低位表示，0 表示透明，1 表示填充了颜色。依次类推，一直到数字的第 16 位表示 15 号方块，最终可以得到一个整数，用于表达这个方块。图 11.2 演示了这个过程。

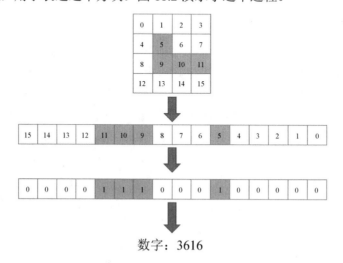

图 11.2 使用一个数字表示方块的过程

接下来编写一个程序，可以使用鼠标很方便地设置方块样式，并实现方块样式到数字的转变。

(1) 新建一个 MAUI 应用，并将项目命名为 BlockConvert。
(2) MainPage.xaml 中的 UI 代码。

```xml
<?xml version="1.0" encoding="utf-8" ?>
<ContentPage xmlns="http://schemas.microsoft.com/dotnet/2021/maui"
        xmlns:x="http://schemas.microsoft.com/winfx/2009/xaml"
        x:Class="BlockConvert.MainPage" Title="方块转换器">

    <Grid x:Name="grid" RowDefinitions="*,*,*,*,*" ColumnDefinitions="*,*,*,*"
        RowSpacing="1" ColumnSpacing="1" BackgroundColor="LightGray">
        <Label x:Name="lblID" Text="0" Grid.Row="4" Grid.ColumnSpan="4"
            TextColor="Black" FontSize="Large"
            HorizontalTextAlignment="Center" VerticalTextAlignment="Center"/>
    </Grid>

</ContentPage>
```

(3) MainPage.xaml.cs 中的程序代码。

```csharp
1   namespace BlockConvert;
2
3   public partial class MainPage : ContentPage
4   {
5       int blockID = 0;
6       public MainPage()
7       {
8           InitializeComponent();
9           for (int i = 0; i < 16; i++)           //手动添加16个按钮
10          {
11              Button btn = new Button()          //新建一个按钮
12              {
13                  BackgroundColor = Colors.Black,
14                  CornerRadius = 0,
15                  ZIndex = 1 << i                //标记此方块属于数字中的哪个位
16              };
17              btn.Clicked += Btn_Clicked;        //关联事件
18              grid.Add(btn, i % 4, i / 4);       //将按钮添加进grid
19          }
20      }
21
22      private void Btn_Clicked(object sender, EventArgs e)
23      {
24          Button btn = (Button)sender;           //还原用户单击的按钮
25          if(btn.BackgroundColor == Colors.Black)
26          {
27              btn.BackgroundColor = Colors.Red;  //填充颜色
28              blockID |= btn.ZIndex;             //将按钮对应到位置1
29          }
```

```
30      else
31      {
32          btn.BackgroundColor = Colors.Black;    //去掉颜色
33          blockID &= ~btn.ZIndex;                //将按钮对应到位置 0
34      }
35      lblID.Text = blockID.ToString();           //显示方块样式所对应的数字
36  }
37 }
```

(4) 运行结果。运行程序，单击窗体中的方块，并查看窗体下方数字，效果如图 11.3 所示。

图 11.3 方块转换器的运行效果

11.3 代 码 编 写

代码部分共包括 5 个文件。

(1) MainPage.xaml：主窗体的界面代码文件。
(2) MainPage.xaml.cs：主窗体的代码隐藏文件。
(3) GraphicsDrawable.cs：绘图类。
(4) Block.cs：方块类代码文件。
(5) BlockFactory.cs：方块工厂类代码文件。

请按顺序观看视频 11.2～视频 11.7 并编写代码。这里只列出最终运行于 Android 模拟器上的所有代码，供读者排除错误时对照使用。

视频 11.2：俄罗斯方块 - 背景绘制

视频主要讲解了如何在长宽比不同的窗体中绘制固定比例的背景。

视频 11.3：俄罗斯方块 - 活动方块绘制

(1) 使用新的数据结构（数组）表示活动的方块
(2) 将数字表示的方块转换为数组表示的方块
(3) 将活动方块置于背景之中

第 11 章 综合实训

视频 11.4：俄罗斯方块 - 方块工厂

(1) 消除新生成的活动方块在背景中顶部的空行
(2) 创建可以随机生成任一样式的方块工厂

视频 11.5：俄罗斯方块 - 方块的移动及旋转

(1) 方块的左右移动
(2) 方块的下移
(3) 方块的旋转

视频 11.6：俄罗斯方块 - 满行消除算法

(1) 活动方块转换为固定方块
(2) 满行消除算法

视频 11.7：俄罗斯方块 - 收尾

(1) 游戏结束的判断
(2) "GAME OVER" 的绘制
(3) 将程序转移到手机上运行

11.3.1 MainPage.xaml

```xml
<?xml version="1.0" encoding="utf-8" ?>
<ContentPage xmlns="http://schemas.microsoft.com/dotnet/2021/maui"
        xmlns:x="http://schemas.microsoft.com/winfx/2009/xaml"
        x:Class="Game.MainPage" Title="俄罗斯方块">

    <ContentPage.Resources>
        <Style x:Key="btnStyle" TargetType="ImageButton">
            <Setter Property="Padding" Value="6"/>
            <Setter Property="BorderColor" Value="Silver"/>
            <Setter Property="BorderWidth" Value="3"/>
            <Setter Property="CornerRadius" Value="10"/>
        </Style>
    </ContentPage.Resources>

    <Grid RowDefinitions="*,160" Padding="10">
        <GraphicsView x:Name="gView"/>
        <Grid Grid.Row="1" RowDefinitions="*,*,*" ColumnDefinitions="*,*,*"
              Margin="20,10,20,0" RowSpacing="10" ColumnSpacing="50">
            <ImageButton x:Name="btnPlay" Grid.Row="0" Grid.Column="1"
                    Source="play.png" Style="{StaticResource btnStyle}"
                    Clicked="btnPlay_Clicked"/>
```

```xml
            <ImageButton x:Name="btnLeft" Grid.Row="1" Grid.Column="0"
                Source="left.png" Style="{StaticResource btnStyle}"
                Clicked="btnLeft_Clicked"/>
            <ImageButton x:Name="btnRight" Grid.Row="1" Grid.Column="3"
                Source="right.png" Style="{StaticResource btnStyle}"
                Clicked="btnRight_Clicked"/>
            <ImageButton x:Name="btnDrop" Grid.Row="2" Grid.Column="1"
                Source="down.png" Style="{StaticResource btnStyle}"
                Clicked="btnDrop_Clicked"/>
            <ImageButton x:Name="btnRotate" Grid.Row="1" Grid.Column="1"
                Source="rotate.png" Style="{StaticResource btnStyle}"
                Clicked="btnRotate_Clicked"/>
        </Grid>
    </Grid>
</ContentPage>
```

11.3.2　MainPage.xaml.cs

```csharp
1   GraphicsDrawable drawable;
2   System.Timers.Timer timer;
3   public MainPage()
4   {
5       InitializeComponent();
6       drawable = new GraphicsDrawable(10, 16);    //创建画布
7       gView.Drawable = drawable;                  //将画布与GraphicsView相关联
8       timer = new System.Timers.Timer();
9       timer.Interval = 1000;                      //设定定时器时间间隔为1秒
10      timer.Elapsed += Timer_Elapsed;             //关联定时器事件
11  }
12
13  private void Timer_Elapsed(object sender, System.Timers.ElapsedEventArgs e)
14  {
15      if(!drawable.MoveDown())                    //如果方块下移失败
16      {   //创建新的活动方块
17          if (!drawable.CreateNewBlock())
18          {   //如果活动方块创建失败,则停止定时器,游戏结束
19              timer.Stop();
20          }
21      }
22      gView.Invalidate();                         //画布重绘
23  }
24  //开始游戏按钮事件方法
25  private void btnPlay_Clicked(object sender, EventArgs e)
26  {
27      drawable.Start();
28      timer.Start();
29      gView.Invalidate();
```

```csharp
30  }
31  //左移按钮事件方法
32  private void btnLeft_Clicked(object sender, EventArgs e)
33  {
34      drawable.MoveLeft();
35      gView.Invalidate();
36  }
37  //右移按钮事件方法
38  private void btnRight_Clicked(object sender, EventArgs e)
39  {
40      drawable.MoveRight();
41      gView.Invalidate();
42  }
43  //丢下按钮事件方法
44  private void btnDrop_Clicked(object sender, EventArgs e)
45  {
46      drawable.Drop();
47      //创建新的活动方块
48      if (!drawable.CreateNewBlock())
49      {
50          timer.Stop();
51      }
52      gView.Invalidate();
53  }
54  //旋转按钮事件方法
55  private void btnRotate_Clicked(object sender, EventArgs e)
56  {
57      drawable.Rotate();
58      gView.Invalidate();
59  }
```

11.3.3 GraphicsDrawable.cs

```csharp
1   internal class GraphicsDrawable : IDrawable
2   {
3       int hCount, vCount;            //横向容纳方块数量和纵向容纳方块数量
4       Color[,] bgArr;                //存放背景数据的数组
5       BlockFactory factory = new BlockFactory();
6       Block activeBlock;             //活动方块
7       Point pos;                     //活动方块的当前位置
8       bool isOver = false;           //游戏是否处于结束状态
9       //构造函数
10      public GraphicsDrawable(int hCount, int vCount)
11      {
12          this.hCount = hCount;
13          this.vCount = vCount;
14          bgArr = new Color[vCount, hCount];
```

```csharp
15      }
16      //开始游戏
17      public void Start()
18      {
19          Array.Clear(bgArr);            //清空数组
20          CreateNewBlock();              //生成活动方块
21          isOver = false;
22      }
23      //活动方块向左移动
24      public void MoveLeft()
25      {
26          if (!IsOutBound(activeBlock, new Point(pos.X, pos.Y - 1)))
27          {
28              pos.Y -= 1;
29          }
30      }
31      //活动方块向右移动
32      public void MoveRight()
33      {
34          if (!IsOutBound(activeBlock, new Point(pos.X, pos.Y + 1)))
35          {
36              pos.Y += 1;
37          }
38      }
39      //活动方块向下移动
40      public bool MoveDown()
41      {
42          if (!IsOutBound(activeBlock, new Point(pos.X + 1, pos.Y)))
43          {   //如果没有越界
44              pos.X += 1;
45              return true;
46          }
47          else //越界则将活动方块变为固定方块
48          {
49              for (int i = 0; i < activeBlock.Styles.Length; i++)
50              {
51                  int x = (int)(pos.X + activeBlock.Styles[i].X);
52                  int y = (int)(pos.Y + activeBlock.Styles[i].Y);
53                  bgArr[x, y] = activeBlock.BlockColor;
54              }
55              EraseFullRow(); //消除满行
56              return false;
57          }
58      }
59      //创建一个新的活动方块
60      public bool CreateNewBlock()
61      {
```

```csharp
            activeBlock = factory.GetANewBlock();
            pos = new Point(-activeBlock.Styles[0].X, (hCount - 4) / 2);
            if (!IsOutBound(activeBlock, pos))
            {
                return true;
            }
            isOver = true;
            return false;
        }
        //丢下活动方块
        public void Drop()
        {
            while (MoveDown()) ;
        }
        //活动方块的旋转
        public void Rotate()
        {
            Block block = factory.GetNextRotateBlock();
            if (!IsOutBound(block, pos))
            {
                factory.Rotate();
                activeBlock = block;
            }
        }
        //判断指定方块是否越界
        private bool IsOutBound(Block block, Point p)
        {
            for (int i = 0; i < block.Styles.Length; i++)
            {
                int x = (int)(block.Styles[i].X + p.X);
                int y = (int)(block.Styles[i].Y + p.Y);
                if (x < 0 || x > vCount - 1 || y < 0 || y > hCount - 1
                    || bgArr[x, y] != null)
                {
                    return true;
                }
            }
            return false;
        }
        //满行消除算法
        private void EraseFullRow()
        {
            int fullCount = 0;
            for (int row = vCount - 1; row >= 0; row--)
            {
                bool isFullRow = true;
                for (int col = 0; col < hCount; col++)
```

```csharp
            {   //标记此行不是满行
                if (bgArr[row, col] == null)
                {
                    isFullRow = false;
                }
                //方块下移 fullCount 行
                if (fullCount > 0)
                {
                    bgArr[row + fullCount, col] = bgArr[row, col];
                    bgArr[row, col] = null;
                }
            }
            if (isFullRow)
            {   //如果当前行为满行，则 fullCount+1
                fullCount++;
            }
        }
    }
    //画板重绘
    public void Draw(ICanvas canvas, RectF dirtyRect)
    {
        float width = dirtyRect.Width;          //获取画板宽度
        float height = dirtyRect.Height;        //获取画板高度
        float ratio = (float)vCount / hCount;//高宽比
        if (height / width > ratio)
        {
            height = width * ratio;
        }
        else
        {
            width = height / ratio;
        }
        //计算原点坐标
        float oraginX = (dirtyRect.Width - width) / 2;
        float oraginY = (dirtyRect.Height - height) / 2;
        canvas.Translate(oraginX, oraginY);     //指定坐标原点
        //绘制背景
        canvas.FillColor = Colors.Black;
        Rect bgRect = new Rect(0, 0, width, height);
        canvas.FillRectangle(bgRect);
        //绘制背景数组所对应的每一个小方块
        float size = Math.Min(width / hCount, height / vCount);
        for (int x = 0; x < bgArr.GetLength(0); x++)
        {
            for (int y = 0; y < bgArr.GetLength(1); y++)
            {
                Rect rect = new Rect(y * size, x * size, size - 1, size - 1);
```

```
156                if (bgArr[x, y] != null)
157                {
158                    canvas.FillColor = bgArr[x, y];
159                    canvas.FillRectangle(rect);
160                }
161            }
162        }
163        //绘制活动方块
164        if (activeBlock != null)
165        {
166            for (int i = 0; i < activeBlock.Styles.Length; i++)
167            {
168                int x = (int)(pos.X + activeBlock.Styles[i].X);
169                int y = (int)(pos.Y + activeBlock.Styles[i].Y);
170                canvas.FillColor = activeBlock.BlockColor;
171                canvas.FillRectangle(y * size, x * size, size - 1, size - 1);
172            }
173        }
174        //绘制游戏结束文字
175        if (isOver)
176        {
177            canvas.Font = Microsoft.Maui.Graphics.Font.DefaultBold;
178            canvas.FontSize = 50;
179            canvas.FontColor = Colors.White;
180            canvas.DrawString("GAME OVER", bgRect,
181                HorizontalAlignment.Center,
182                VerticalAlignment.Center);
183        }
184    }
185 }
```

11.3.4 Block.cs

```
1  internal class Block
2  {
3      public Point[] Styles { get; }           //用于存放组成样式的小方块坐标
4      public Color BlockColor { get; }         //方块颜色
5      public Block(int style, Color blockColor)
6      {
7          List<Point> coords = new List<Point>(); //用于临时存放小方块坐标
8          //将表示方块样式的数字转化为 Point 数组
9          for (int i = 0; i < 16; i++)
10         {
11             if ((style & (1 << i)) != 0)
12             {
13                 coords.Add(new Point(i / 4, i % 4));
```

```csharp
            }
        }
        Styles = coords.ToArray();
        BlockColor = blockColor;
    }
}
```

11.3.5 BlockFactory.cs

```csharp
internal class BlockFactory
{
    int styleNum = 0;                              //指向方块样式的索引
    int rotateNum = 0;                             //指向旋转样式的索引
    //用于存放每种方块样式及其对应的旋转样式
    int[][] items =
    {
        new int[]{ 17504, 1856, 1570, 736 },
        new int[]{ 8800, 1136, 1604, 3616 },
        new int[]{ 9760, 624, 17984, 1824 },
        new int[]{ 8738, 240 },
        new int[]{ 1632 },
        new int[]{ 17952, 864 },
        new int[]{ 9792, 1584 }
    };
    //存放每种方块样式的颜色
    Color[] colors =
    {
        Colors.Red,
        Colors.Orange,
        Colors.Yellow,
        Colors.Green,
        Colors.Cyan,
        Colors.Blue,
        Colors.Purple
    };
    //随机生成一个新方块样式
    public Block GetANewBlock()
    {
        rotateNum = 0;
        Random rm = new Random();
        styleNum = rm.Next(colors.Length);
        return new Block(items[styleNum][0], colors[styleNum]);
    }
    //获取当前方块样式的下一个旋转样式
    public Block GetNextRotateBlock()
    {
```

```
38          int[] style = items[styleNum];
39          int num = (rotateNum + 1) % style.Length;
40          return new Block(items[styleNum][num], colors[styleNum]);
41      }
42      //将指针指向当前方块样式的下一个旋转样式
43      public void Rotate()
44      {
45          int[] style = items[styleNum];
46          rotateNum = (rotateNum + 1) % style.Length;
47      }
48  }
```

11.4 思考与改进

本案例仅实现了最基础的俄罗斯方块游戏功能，还有很多可以改进的地方。请参照以下几点对应用程序进行改进。

(1) 将【开始】按钮改为【开始/暂停】按钮，使这个按钮既可以开始游戏，也可以在玩游戏的过程中暂停游戏。

(2) 添加方块预览窗口，在生成新的活动方块的同时，可以预览下一个新生成的方块。

(3) 增加游戏关卡，通过加快方块下降速度或方块种类，增加游戏难度。

(4) 增加显示游戏分数的功能，每次消除满行时，消除的行数越多，分数越高。

参 考 文 献

谭浩强，2017. C 程序设计[M]. 5 版. 北京：清华大学出版社.
微软. .NET 多平台应用 UI 文档[EB/OL]. [2024-03-23]. https://learn.microsoft.com/zh-cn/dotnet/maui/what-is-maui?view=net-maui-8.0.